THE TRIP
OSAKA

歩行者
自転車
専用

清酒

魚屋
ひでぞう
魚屋
ビアホール

ほたる
ほたる

Contents

Osaka Key Map

오사카 개념도

주요 도시 간 소요 시간

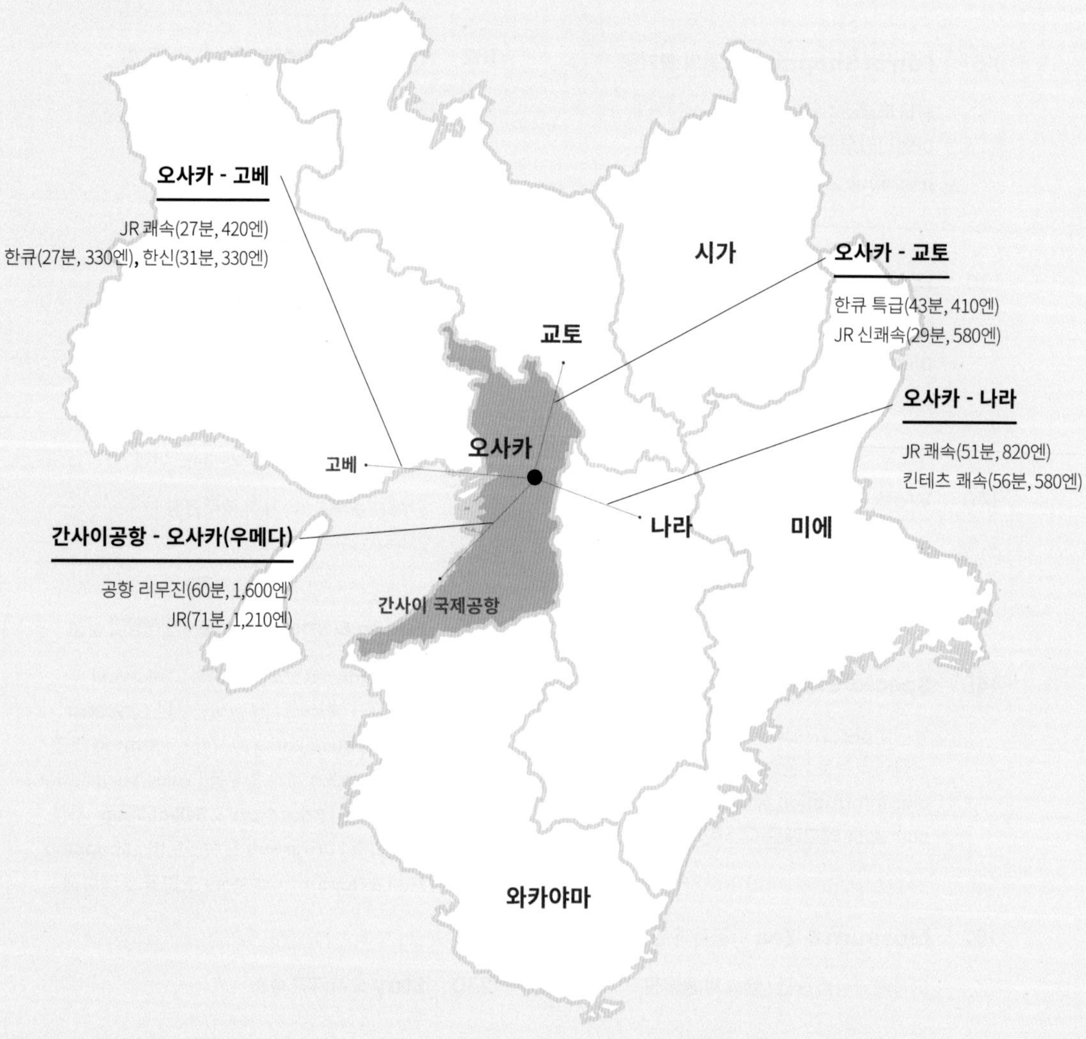

우리나라에서 오사카까지 소요 시간

김포 · 인천 - 오사카: 1시간 45분
부산 - 오사카: 1시간 25분
대구 - 오사카: 1시간 30분
청주 - 오사카: 1시간 40분
제주 - 오사카: 1시간 20분

오사카시 전도

Osaka's Profile

오사카 프로필

인구와 면적

오사카는 서일본에서 가장 큰 도시다. 오사카부 인구는 약 884만 명으로, 일본 인구의 약 7%이며, 도쿄(10%)와 카나가와(7.2%)에 이어 세 번째로 많다. 오사카부는 오사카시를 포함한 시 33개, 정 9개, 촌 1개로 구성되었고, 오사카 시에는 24개의 구(区)가 있으며 이는 도쿄 23구보다도 많은 수치다. 오사카는 효고현, 교토부, 나라현, 와카야마현과 인접한 곳에 위치해 오래전부터 일본의 경제·상업의 중심지로 발전해왔다.

전압

우리나라와 달리 일본의 전압은 110V다. 요즘은 프리볼트(100-240V) 전자제품들이 많기 때문에 2핀 변환 플러그(돼지코)만 준비한다면 여행하는 데 큰 문제는 없다.

현금

현금 사용이 보편적이나 신용카드 사용도 늘어나는 추세다. 대부분의 상점, 음식점에서는 여행자 수표를 사용할 수 없다. 신용카드를 받지 않는 곳도 있기 때문에 항상 현금을 소지하고 있어야 한다. 은행 ATM도 하루 인출 가능 금액이 제한되는 곳이 많으며, 비자나 마스터사의 마크가 있더라도 해외에서 발행된 카드는 사용이 안 되는 경우가 많다. ATM은 우체국이나 편의점을 이용하는 것이 편리하다.

교통

다양한 회사의 전철, 지하철, 열차들이 노선별로 촘촘하게 뻗어 있다. 수많은 대형 사철 회사들이 간사이에서 경쟁하는데, 오사카메트로와 JR, 한큐, 한신, 킨테츠가 대표적이다. 오사카 시내만 둘러본다면 오사카메트로와 JR만으로 충분하다. 오사카 버스는 대부분 주요 역이 있는 난바나 우메다 지역으로의 연결을 담당한다. 배차 시간이 긴 편이니 버스보다 대중적이고 간편한 전철을 추천한다. 택시는 우리나라에 비해 매우 비싸다. 택시 기본 요금은 회사에 따라 다르니 미리 확인하고 타는 것이 좋다. 일본 택시 뒷좌석 문은 기사가 조절하는 자동문이므로 마음대로 열거나 닫지 않도록 하자. 오사카 근교 교토나 고베, 다른 도시로의 이동 역시 전철이 가장 빠르고 간편하다. 오사카 주유패스를 구입하면 매번 표를 끊을 필요가 없고 입장료 할인도 되기 때문에 일석이조다.

계절별 즐길 거리

봄 벚꽃: 오사카의 벚꽃 명소로는 사쿠라노미야 공원과 오사카성 공원이 대표적이다. 벚꽃 시즌에는 사람들로 붐비는 만큼 좋은 자리를 차지하려면 일찍 움직여야 한다. 벚꽃이 지고 난 뒤 피는 겹벚꽃도 색다른 느낌이다.

여름 마츠리: 일본의 종교의식이자 축제인 마츠리는 1년 내내 열리지만 특히 여름에 자주 열린다. 일본 영화나 애니메이션에서는 여름날 일상으로 마츠리 장면이 등장할 때가 많다. 오사카는 일본 에서도 손꼽는 대형 마츠리인 텐진 마츠리로 유명하다.

가을 단풍: 벚꽃 명소인 사쿠라노미야 공원은 가을이 되면 아름다운 단풍길로 변모한다. 오사카성 부지 내 유료 정원인 니시노마루 정원도 가을 풍경이 일품이다. 오사카부 스이타시에 있는 만국박람회 기념공원의 거대한 숲 역시 붉은 물결로 뒤덮인다.

겨울 일루미네이션: 12월이 되면 오사카를 대표하는 거리인 미도스지에 일루미네이션이 화려하게 펼쳐진다. 구역마다 빛깔이 달라서 보는 재미가 있다. 난바파크스 옥상 정원 야경도 유명하다. 거리를 걷고 난 뒤에는 일본식 선술집 이자카야에서 따뜻한 니혼슈(日本酒)로 몸을 녹이자.

Osaka's Main Areas

오사카 주요 지역

오사카시는 우메다역이 있는 중요 상업지구 키타, 신사이바시스지와 도톤보리 등 쇼핑가가 있는 미나미, 간사이의 환승역인 텐노지, 오사카 동쪽의 새로운 상업지구로 떠오르고 있는 오사카성 일대, 오사카만 일대인 베이 에어리어로 나뉜다.

키타 Kita

키타(北)는 오사카 시내 북쪽 지역이다. 미나미(南)와 다른 점이 있다면 고층 빌딩으로 빼곡하다는 것. 오사카메트로 우메다역, JR 오사카역을 중심으로 한큐 전철과 JR까지 오가는 교통의 요지다. 각각의 빌딩들이 미로처럼 복잡하게 얽혀 있기 때문에 길을 잃기 쉬우니 주의할 것. 아름다운 공중정원 전망대의 스카이빌딩, 오사카의 랜드마크로 불리는 빨간 관람차 헵파이브, 없는 게 없는 쇼핑몰까지. 볼거리, 즐길 거리가 넘쳐난다.

주요 명소: 우메다 스카이빌딩, 헵파이브, 텐진바시스지 상점가

미나미 Minami

미나미는 오사카 시내 난바를 중심으로 한 남쪽 일대 번화가로, 서일본에서 가장 활기찬 곳이다. 공항 특급 라피트 열차가 출발하는 난카이난바역은 난바파크스, 난바시티 같은 대형 쇼핑몰과 이어져 있다. 이곳을 중심으로 동쪽에는 덴덴타운과 쿠로몬시장이 자리한 닛폰바시가 있고, 북쪽으로는 글리코 러너가 있는 도톤보리를 건너 신사이바시까지 이어진다. 신사이바시 서쪽에는 젊은이들이 활보하는 아메리카무라가 있고, 그 위로는 오렌지 스트리트가 있는 호리에와 미나미센바가 널찍하게 자리한다.

주요 명소: 난바파크스, 덴덴타운, 도톤보리

텐노지 Tennoji

미나미에서 남동쪽 텐노지역을 중심으로 펼쳐진, 난바에 뒤지지 않는 번화가다. 텐노지역은 간사이 지역 어디로든 갈 수 있는 환승역이라서 언제나 붐빈다. 역 주변으로는 마천루 쇼핑 단지가 자리하며, 그곳에서 출발하는 느릿느릿 트램도 놓치면 아쉽다. 옛 노동자들의 신세계였던, 레트로 스타일 유흥가 신세카이도 들러보자. 100년이 넘는 역사를 자랑하는 텐노지 동물원과 일본의 원조 고층 전망대 츠텐카쿠가 자리한다. 여행 후에는 저렴한 쿠시카츠와 맥주로 하루의 피곤을 잊어보자.

주요 명소: 신세카이, 시텐노지, 아베노하루카스

오사카성 Osaka Castle

오사카를 상징하는 대표적인 곳 중 하나로 도요토미 히데요시의 흥망사를 고스란히 담고 있다. 현재의 성은 재건된 것으로, 성이라기보다는 성의 모습을 한 박물관에 가깝지만 우리에게는 꽤 이국적인 인상을 풍긴다. 성을 둘러싼 오사카성 공원은 시민들이 사랑하는 산책로로, 봄날이면 꽃놀이하는 사람들로 붐빈다. 역사에 관심이 있다면 맞은편에 위치한 역사박물관도 알차다. 조용하고 서민적인 분위기의 상점가 카라호리에도 들러보자.

주요 명소: 오사카성, 오사카역사박물관

베이 에어리어 Bay Area

오사카의 항만 지역 일대로 도심과는 달리 시원하고 쾌적한 분위기를 만끽할 수 있다. 오락 시설들도 분위기에 맞게 큼직한데, 고래상어가 있는 수족관 가이유칸이 대표 볼거리로 꼽힌다. 콜럼버스의 배를 재현한 산타마리아호를 타고 오사카항 앞바다를 둘러보며 노을이 지는 바다 풍경도 감상해보자. 모노레일을 타고 난코 지역으로 이동해 사키시마 청사 전망대에서 바다와 오사카 시내를 내려다보는 것도 꽤 새로운 경험이 될 것이다.

주요 명소: 가이유칸, 덴포잔 대관람차

오사카 북부 Northern Osaka

오사카를 벗어나 북쪽, 스이타시로 가보자. 한큐 전철로 바로 이어져 교통도 편리하다. 여행자들이 들를 만한 곳은 바로 아사히 맥주공장과 만국박람회 기념공원(만박기념공원). 아사히 맥주공장은 조금 거리가 있긴 하지만 유료 관람에 신선한 생맥주 두 잔이 제공된다. 일본 만화의 거장 우라사와 나오키의 〈20세기 소년〉에 나오는 괴상한 모습의 '태양의 탑'을 바로 이 만박기념공원에서 실제로 볼 수 있다. 2015년 엑스포 시티라는 복합몰이 생기면서 주말이면 사람으로 북적인다.

주요 명소: 아사히 맥주공장, 만박기념공원

유니버설 스튜디오 재팬 Universal Studios Japan

유니버설 스튜디오가 제작한 테마파크로 여행자뿐만 아니라 현지인들도 많이 찾는 명소 중의 명소. 언제나 사람들이 많아서 혼잡도를 예측하는 앱이 있을 정도다. 핼러윈, 크리스마스 시즌은 그야말로 인기 폭발. 코스튬을 갖추고 오는 사람들이 많아서 그 또한 재미난 감상 포인트가 된다. 항상 인기 만점인 해리 포터 구역, 미니언 파크도 눈길을 사로잡는다. 가장 인기 있는 어트랙션을 타지 못하더라도 아쉬워하지 말자. 유니버설 스튜디오 재팬의 모든 것이 볼거리니까.

Tip for Traveler

여행자를 위한 팁

초행자는 물론이고 오사카를 다시 찾는 여행자에게도 꼭 필요한 몇 가지 팁을 소개한다. 소소해도 알고 나면 예전에 봤던 풍경이 달라 보이고, 여행은 더욱 쉽고 재미있어질 것이다.

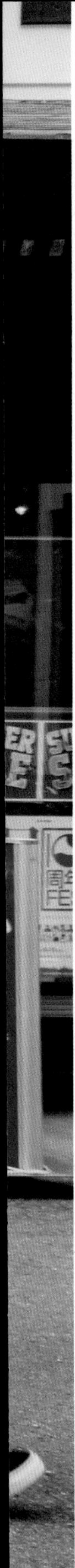

간사이 여행의 중심

우리나라 여행자들이 가장 좋아하는 오사카는 간사이 여행의 교통 요충지다. 오사카에서 교토는 JR 신쾌속으로 30분, 고베는 27분, 나라는 51분이면 닿을 수 있다. 간사이 여행을 준비한다면 오사카를 중심으로 각 도시의 위치와 소요 시간 등을 잘 파악하여 일정을 짜자. 교통 패스를 잘 사용하면 저렴한 교통비로 간사이 주요 도시를 알차게 여행할 수 있다.

반갑게 인사하자

일본 경제의 중심지로 상업 문화가 특히 발달한 덕분에 오사카 사람들은 대부분 개방적이고 활발한 성격을 가졌다. 인정이 많고 따뜻해 여행자에게도 먼저 반갑게 인사하곤 한다. 대화할 때는 자유롭고 유쾌하지만 말이 빠르고 다소 직설적이기도 하며 개인적인 질문도 자연스럽게 한다.

에스컬레이터는 오른쪽

일본에서는 지역에 상관없이 서두르는 사람을 위해 에스컬레이터 한쪽을 비워둔다. 도쿄에서는 에스컬레이터 오른쪽을 비워두지만 오사카는 반대로 왼쪽을 비워둔다. 이는 1970년 오사카에서 열린 만국박람회 때 에스컬레이터 오른쪽에 서도록 장려했기 때문이라고.

여행자를 위한 패스

방문해야 할 유료 명소가 많고 교토, 고베, 나라 등 근교 도시로 여행하기 좋은 오사카에서 여행자 패스는 필수다. 하지만 무조건 패스를 구입하기보다는 자신의 일정에 맞는 패스를 구입하는 것이 중요하다. 간사이 스루패스 등은 최소 몇 군데 이상의 명소를 둘러보거나 특별한 지역을 방문하는 여행자에게 유용하다. 오사카만 여행한다면 지하철 1일 승차권이나 주유패스를 구입해 알차게 사용하는 것을 추천한다.

시내 이동 시 오사카메트로

오사카는 일본의 대도시로 교통량이 많아 시내 이동 시에는 지하철인 오사카메트로를 이용하는 것을 추천한다. 오사카메트로는 편의성이 높고 주요 여행지를 촘촘하게 연결하고 있어 여행자에게 인기가 높다. 또 노선도가 복잡하지 않고 시간표에 맞춰 규칙적으로 운행하기 때문에 일정 계획을 세우기 쉽다. 우리의 지하철처럼 깨끗하고 도심부는 역과 연결된 지하상가, 쇼핑센터 등이 많아 여행 도중 식사를 하거나 휴식을 취하기도 좋다.

쿠시카츠 에티켓

오사카의 대표 음식 쿠시카츠를 먹을 때에는 지켜야 할 에티켓이 있다. 쿠시카츠는 일반적으로 작은 접시에 제공되기 때문에 나온 순서대로 먹는 것이 좋다. 또 소스를 찍어 먹을 때는 반드시 한 번만 찍어야 한다. 일부 쿠시카츠 식당에서는 개인별로 소스를 소분해 제공하기도 하지만 대부분 소스통을 함께 사용하니 위생을 위해 에티켓은 필수다.

숙박세

일본에서는 호텔, 료칸 등 숙박 시설 이용자에게 일정 금액의 세금이 부과된다. 대부분 숙박 요금 안에 포함되어 있지만 그렇지 않다면 체크인이나 체크아웃 시 별도로 현금이나 신용카드로 지불해야 한다. 오사카시의 숙박세는 1박 기준 1인당 7,000엔 미만 숙소는 면제, 7,000엔~15,000엔 미만 숙소는 100엔, 15,000엔~20,000엔 미만 숙소는 200엔, 그 이상의 숙소는 300엔이다. 2인이 3박을 했다면 총 600엔의 숙박세가 추가되니 기억해두자.

이자카야 이용 팁

이자카야에 가면 가장 먼저 '오토시'라는 에피타이저가 나온다. 주문하지 않아도 식사 전에 나오며 1인당 300~500엔 정도다. 만약 원하지 않거나 다른 것으로 주문하고 싶다면 직원에게 문의해보자. 술을 마실 때는 일행이 기다리지 않도록 첫 잔은 같은 음료를 주문한다. 보통 가장 빨리 나오는 맥주로 시작한다. 현지인이 '시작은 맥주'라고 외치는 모습을 쉽게 볼 수 있다.

신용카드 사용

오사카에서는 대부분의 가게에서 신용카드를 사용할 수 있다. 그러나 일부 작은 가게에서나 특정 물품을 구매할 때에는 현금을 사용해야 할 수도 있다. 따라서 일정 정도의 현금을 지참하고, 동전 보관과 사용이 편하도록 동전 지갑을 준비하는 것도 좋다. 신용카드 사용이 가능한 곳은 계산대에 신용카드 회사 스티커가 붙어 있다.

면세 제도

오사카 여행에서는 돈키호테와 같은 드럭스토어, 백화점, 쇼핑몰 등에서 누릴 즐거움 역시 빼놓을 수 없다. 하지만 물품에 소비세 10%가 부과되기 때문에 알뜰한 쇼핑을 위해 면세 혜택을 반드시 받자. 면세 구매 금액은 동일 매장 내 1일 총 구매 금액 5,000엔 이상(세금 별도). 여권과 여권 명의자의 카드를 반드시 소지해야 한다.

Keyword of Osaka

오사카를 이해하는 키워드

쿠이다오레

간사이 지방에서도 오사카는 맛있는 음식이 많기로 유명하다. 일본 최대 상업 도시였던 오사카는 일찍이 일본 전역에서 다양한 식재료가 모이면서 식문화가 발달했다. 음식을 먹다 망한다는 뜻의 '쿠이다오레'라는 말이 생긴 것도 그러한 이유 때문이다. 오코노미야키, 타코야키를 시작으로 스시, 우동, 야키니쿠 등 오사카의 맛을 제대로 즐겨보자.

유니버설 스튜디오 재팬

오사카 유니버설 스튜디오 재팬은 아시아에서 최초, 전 세계에서 세 번째로 문을 연 유니버설 테마파크다. 디즈니랜드와 더불어 명실상부 세계 최고의 테마파크로 〈죠스〉, 〈쥬라기공원〉, 〈해리 포터〉, 〈미니언즈〉와 같은 할리우드 영화 테마관이 유명하며, 최근에는 닌텐도 월드도 오픈했다. 어른, 아이 모두에게 인기인 곳으로 주말 평일 상관없이 언제나 사람들로 붐빈다. 유니버설 스튜디오 재팬에 방문할 예정이라면 패스부터 이동하기 편리한 숙소까지 꼼꼼하게 체크하자.

도요토미 히데요시

일본 역사에서 가장 중요한 인물로 꼽히는 도요토미 히데요시는 교토로 집중되었던 경제력을 오사카로 모으고자, 전국의 상인을 불러들이고 물류에 운하를 이용했다. 그는 권력을 과시하기 위해 인부 10만 명을 동원해 오사카성을 지었다. 당시의 황금 다실은 소실 후 재건을 거쳐 오사카성 박물관에 실물 크기로 복원되었다. 오사카성 내 자료관과 시어터룸에서 그에 대한 자료를 볼 수 있다.

안도 다다오

일본을 대표하는 건축가로 물과 빛, 노출 콘크리트의 건축가로 불린다. 1941년 오사카에서 태어난 안도 다다오는 고등학교 시절 프로 복서로 활동하다 예전부터 꿈꾸던 건축가의 길로 접어든다. 대학에서 정식 교육을 받지 않고 여행과 독학으로 28세 때 오사카에 건축 사무소를 설립했다. 데뷔작 '스미요시 주택'으로 일본 건축학회상을 수상했으며 이후 '빛의 교회, 오사카', '나오시마 현대미술관', '포트워스 현대미술관' 등을 건축하였다.

코나몬 문화

코나몬은 밀가루나 쌀가루 등을 이용해서 오코노미야키, 타코야키, 우동을 먹는 음식 문화로 에도 시대부터 발달했다. 상업 도시였던 오사카는 아침 일찍부터 밤늦게까지 일하던 상인들이 많았다. 그들은 식사 외에 배가 든든하고 따듯한 간식을 즐겨 먹었는데 이것 대부분이 간편하게 먹을 수 있는 코나몬이었다. 코나몬은 오사카 사람들의 소울푸드로 집집마다 타코야키 조리 기구가 있을 정도라고.

'일본 코미디' 하면 요시모토

요시모토 흥업은 1912년에 문을 연 이후 100년 넘는 역사를 지닌 대형 연예기획사로 오사카에서 시작되었다. 일본 사람들에게 코미디는 곧 요시모토로 각인될 정도로 일본 최대 코미디 종합 기업이다. 일본 내에 13개의 직영 극장을 보유하고 있으며 소속 코미디언, 라쿠고가(일본식 만담 개그 연기자), 연기자를 약 6천여 명이나 두고 있다. 일본 TBS 방송국과 요시모토 흥업이 주관하는 콩트 대회 '킹 오브 콩트'는 일본 최고의 예능 프로그램 중 하나다.

도톤보리

'오사카 여행' 하면 가장 먼저 도톤보리를 떠올리게 된다. 도톤보리는 본래 이곳 운하의 명칭으로 1612년 야스이 도톤이라는 사람이 처음으로 수로를 착공하여 이름 붙여졌다. 과거에는 전통 인형극인 닌교조루리, 만자이(일본식 만담), 라쿠고 무대 등 극장이 밀집되어 있었다고 한다. 지금은 에비스바시부터 센니치마에도리까지, 약 500미터에 이르는 수로를 따라 상업 및 유흥 시설이 늘어선 오사카 대표 명소다. '글리코맨' 네온사인, 거대한 대게 간판의 '카니도라쿠', 북치는 소년 '쿠이다오레 타로' 등 재미난 간판이 많다.

국제박람회

오사카 북부에 위치한 만국박람회 기념공원은 1970년에 진행되었던 일본 최초의 국제 박람회인 '일본 만국박람회'가 열렸던 장소다. 당시 일본은 빠른 경제 성장을 바탕으로 1964년 하계 올림픽과 만국박람회를 열면서 선진국 대열에 합류하였음을 과시하였다. 오사카 사람들은 유니버설 스튜디오 재팬 근처 유메시마에서 열릴 예정인 2025년 국제 박람회를 통해 오사카를 다시 한 번 널리 알릴 준비를 하고 있다.

상업도시

일본 근대화의 출발지인 오사카는 에도(지금의 도쿄), 교토와 함께 일본 3대 도시로 꼽히며 한때 일본 1위, 세계 6위 상업도시로 성장했을 만큼 '동양 제일의 상공업지대'로 발전했다. 일본에서 가장 오래된 기업, 세계적으로 유명한 기업이 많은 곳이 바로 오사카다. 미즈노, 코니카 미놀타, 글리코, 샤프, 파나소닉, 산토리 맥주 등이 오사카에서 만들어졌다.

Weather in Osaka

오사카 시기별 날씨

긴키 지방의 중앙에 위치한 오사카는 위로는 단바 고지, 동쪽은 이코마 산지와 곤고 산지, 아래 쪽으로는 이즈미 산맥 등 삼면이 산으로 둘러싸여 있다. 서쪽은 오사카만과 인접해 비교적 온난하다. 1년 내내 비가 적게 내려 여행 계획을 세우기 좋지만 도심부는 빌딩이 많고 나무가 적어 여름철 더위가 매우 심하다.

3월 - 5월

3월부터 따뜻해지기 시작하지만 '삼한사온'으로 따뜻한 날과 추운 날이 번갈아 오며 아침 저녁으로 쌀쌀해 카디건이나 외투는 필수다. 3월 중순부터 매화가 피기 시작해 3월 말에는 벚꽃도 꽃망울을 터뜨린다. 완연한 봄 날씨의 4월 첫째 주는 벚꽃을 보러 온 국내 및 해외 여행자로 붐빈다. 5월은 평균 최고 기온이 24도까지 오르며 여행하기 가장 좋은 달이다. 특히 5월 첫 주는 져버린 벚꽃 대신 다른 꽃들이 피어나는 골든위크로 내국인 여행자들이 늘어 호텔 가격이 비싼 편이다.

6월 - 8월

5월만큼 날씨가 좋은 6월은 크게 덥지 않아 야외 활동을 하기 좋은 초여름 날씨를 보인다. 6월 중순부터는 평균 강수량이 230mm로 1년 중 비가 가장 많이 오는 장마가 시작된다. 습도가 높고 비가 자주 오기 때문에 우산과 통풍이 잘 되는 시원한 옷이 좋다. 7월도 덥고 습하며 비가 자주 내린다. 운동화보다는 비를 맞아도 좋은 슬리퍼나 레인부츠를 챙기는 것도 좋은 방법이다. 7월 말부터 장마가 끝나는 동시에 본격적인 무더위가 시작된다. 7월 24, 25일에는 오사카에서 가장 큰 축제인 텐진 마츠리가 열려 저녁에 불꽃놀이를 즐길 수 있다. 8월은 평균 최고 기온이 33도까지 오르며 매우 덥다. 단풍이 시작되기 전, 여행 비수기로 숙소 가격이 비교적 저렴하다.

9월 - 11월

가을이 시작되는 9월은 초기에 습하고 덥지만 중순 이후부터는 화창하고 맑다. 평균 최저 기온은 15도, 최고 기온은 23도인 10월은 1년 중 여행하기 가장 좋은 달이다. 따뜻하지만 저녁에는 기온이 내려가 쌀쌀하므로 카디건 등 외투를 준비하는 게 좋다. 선선하고 화창한 날이 많은 11월은 중순부터 단풍이 들기 시작해 말까지 절정을 이룬다. 단풍 시즌 또한 국내외에서 찾아온 여행자로 붐비며 숙소 요금이 비싸다.

12월 - 2월

12월부터는 본격적으로 겨울에 접어든다. 12월 29일부터 1월 3일까지는 설 연휴로 문을 닫는 상점이 많다. 오사카의 겨울은 다른 간사이 지방에 비해 따뜻하다. 1월 평균 최저 기온은 3도로, 영하로 내려가지 않아 눈이 와도 쌓이지 않고 금방 녹는다. 대체로 맑고 공기가 건조하기 때문에 마스크 착용이나 가글 사용으로 감기를 예방하는 것이 좋다.

Landmark of Osaka

오사카의 랜드마크

코스모타워

오사카에서 두 번째로 높은 55층 전망대.
오사카 항만 지역과 오사카시외 전경을 조망할 수 있다.
지역 베이 에어리어

도톤보리

잠들지 않는 오사카의 번화가. 도톤보리강을 따라
음식점과 이자카야, 상점이 즐비하다.
에비스바시 다리에서 글리코 러너를 만날 수 있다.
지역 미나미

아베노하루카스

간사이 최고 높이, 360도의 시원한
시야의 58-60층 전망대. 교토와 고베의
롯코 산, 간사이 국제공항까지 볼 수 있다.
지역 텐노지

가이유칸

오키나와 츄라우미 수족관과 함께 일본에서
가장 유명한 수족관으로 고래상어와
가오리를 만날 수 있다.
지역 베이 에어리어

우메다 스카이빌딩

도심 속 최고 야경 명소인 공중정원이 있는
곳. 옥상의 스카이워크를 돌며 눈부신
오사카의 야경을 체험할 수 있다.
지역 키타

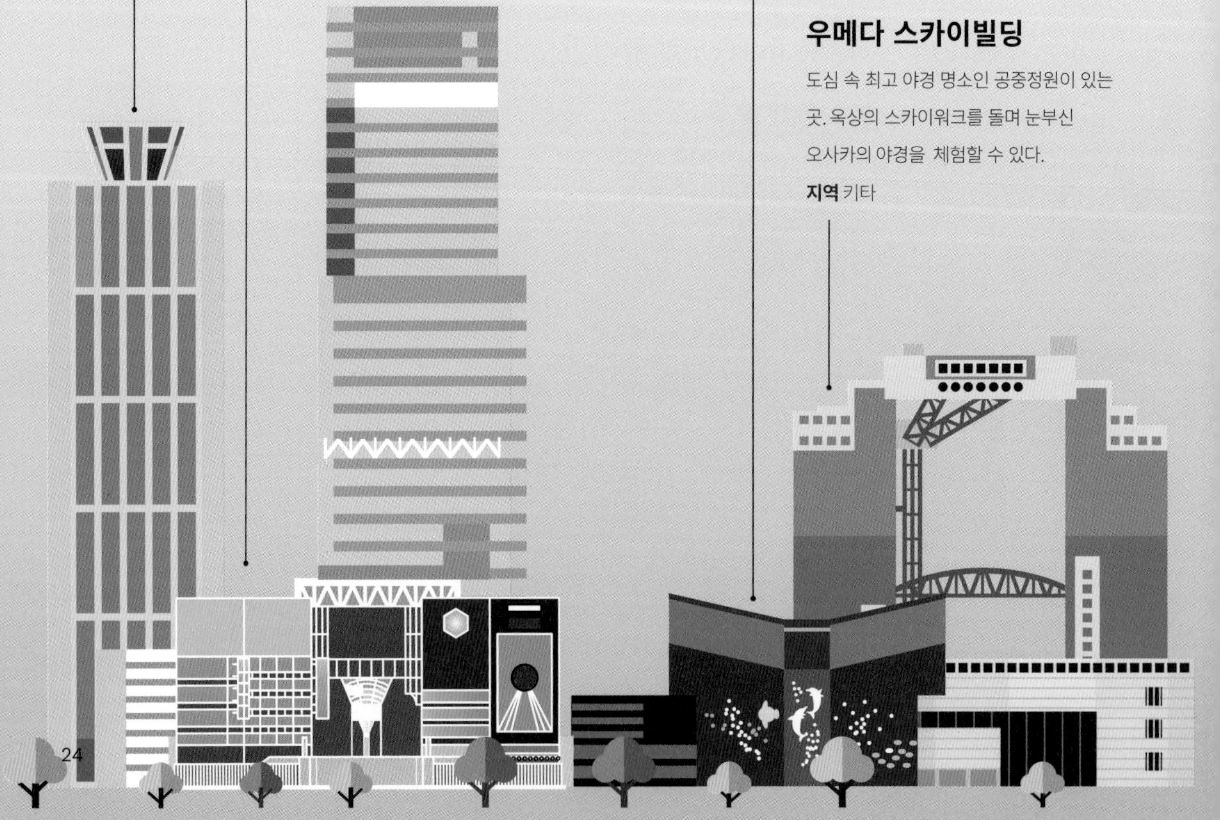

츠텐카쿠

한때 동양에서 가장 높았던 건물.
화려한 네온사인, 골목골목 술집이
즐비한 신세카이의 랜드마크이다.
지역 텐노지

오사카 휠

만박기념공원에 위치, 높이 123m에 달하는
초대형 관람차. 시스루 관람차의 찔함과 아름다운
오사카 전망을 동시에 경험할 수 있다.
지역 오사카 북부

오사카성

오사카의 상징이자 일본 역사의 중심지.
봄엔 벚꽃, 가을엔 단풍을 즐기는
사람들로 붐빈다.
지역 오사카성

시텐노지

일본에서 가장 오래된 사찰로 24시간
개방되는 도심 속 휴식지. 일본식 전통
정원을 감상하며 차를 마실 수 있다.
지역 텐노지

태양의 탑

만국박람회를 기념해 세워진
만박기념공원의 탑으로 오사카
사람들이 즐겨 찾는 나들이 명소다.
지역 오사카 북부

JR 하루카

From Kansai Airport to Osaka

간사이 국제공항-오사카 이동하기

간사이 국제공항에서 목적지까지 이동하는 방법은 다양하다. 오사카 시내까지 택시는 대략 15,000~20,000엔 정도다. 대중교통은 크게 리무진 버스와 열차(난카이 전철, JR)가 있다. 여행 패스가 있다면 이용 범위를 잘 살펴보고 탈 것을 결정하자.

난카이 전철 南海電鉄

여행자들이 공항에서 오사카 시내 이동 시 가장 많이 이용하는 방법이다. 목적지가 텐가차야나 난바(종점) 방면이라면 가장 저렴한 난카이 전철 공항급행(空港急行, 45분 소요)을 이용하면 된다. 간사이 스루패스나 오사카 주유패스 난카이판이 있다면 무료로 이용할 수 있다. 단, 일반 지하철 좌석이라 짐을 보관할 곳이 따로 없고 정차역이 많다. 공항 급행은 티켓 발매기에서 구매하면 되며, 탑승하기 전 전광판에서 열차 종류를 반드시 확인하자.

난카이 전철 공항급행 930엔

특급 라피트

공항급행에 비해 요금은 비싸지만 좌석이 편하고 정차역이 적으며(34분 소요) 짐을 보관하는 공간도 있다. 요금은 1,450엔. 단, 라피트 정차역 서비스 센터에서 '칸쿠토쿠와리 라피트 킷푸'를 구입하면 1,290엔에 이용할 수 있다.

특급 라피트 레귤러시트 1,450엔, 슈퍼시트 1,660엔

칸쿠토쿠와리 라피트 킷푸

간사이 공항에서 난바역 구간을 이동하는 난카이 라피트 열차 할인 승차권으로 간사이 공항역~난카이난바·신이마미야·스미요시타이샤·덴가차야역 구간에서 양방향으로 이용할 수 있다. 구입 당일 편도 1회만 사용 가능하다.

특급 라피트 레귤러시트 1,290엔, 슈퍼시트 1,500엔
*간사이 공항역 난카이 매표소, 난카이난바·신이마미야·스미요시타이샤·덴가차야역 판매

JR

목적지가 우메다나 텐노지 쪽이라면 JR 간사이 공항쾌속(関空快速)을 이용하자. 난카이 전철에 비해 요금도 비싸고 소요 시간도 길지만 오사카 시내의 순환선인 JR 칸조선과 연결되는 덕분에 우메다, 쿄바시, 츠루하시 등으로 쉽게 이동할 수 있다. 공항에서 나라로 바로 이동할 경우 난카이 전철보다 JR을 이용하는 것이 좋다. JR 간사이 미니패스나 JR 웨스트 레일패스 소지 시 무료로 이용할 수 있다. 귀국 시 공항으로 갈 때는 앞쪽인 1~4호 차량에 타야 하니 기억해두자.

JR 공항쾌속 텐노지역 1,080엔, 벤텐초·오사카역 1,210엔 westjr.co.jp

하루카

목적지가 신오사카역(51분 소요)이나 텐노지(35분 소요) 쪽이라면 기차 좌석 형태인 '하루카'를 이용하는 것도 좋다. 공항에서 오사카·교토·고베·나라까지 이동하는 하루카 열차 할인 티켓과 간사이 지역 JR과 지하철, 버스 등을 이용할 수 있는 이코카 & 하루카를 이용하는 것도 좋은 방법이다. 이코카 & 하루카는 간사이 공항에서 JR 텐노지역(35분)이나 신오사카역(50분)까지 이동하는 할인 티켓과 오사카메트로, 버스, 쇼핑몰에서 사용할 수 있는 이코카 카드를 결합한 상품이다. IC카드로 충전 가능하며, 홈페이지에서 공항 수령으로 선택해 2일 전까지 예약 구매가 가능하다. 자유석은 무료, 지정석은 추가 비용이 발생하며 JR 웨스트 레일패스 소지 시 자유석에 무료로 탑승할 수 있다.

이코카 & 하루카 카드 공항-텐노지역 편도 1,200엔(왕복 2,400엔), 공항-신오사카역 1,600엔(3,200엔) westjr.co.jp
*JR 오사카·신오사카·텐노지·난바역 판매

리무진 버스 リムジンバス

열차에 비해 요금이 비싼 편. 하지만 난바, 우메다, 신사이바시, 텐노지 등 오사카 주요 지역과 호텔까지 바로 이동하고 수하물도 직원이 실어줘서 편리하다. 제 1·2터미널 1층에 리무진 버스 승차장이 있다. 승차장별로 목적지가 다르기 때문에 탑승 전 목적지에 맞는 승차장 번호를 확인해야 한다. 6세 미만 유아라면 성인 1명당 유아 1명이 무료, 수하물은 1명당 2개까지 가능하다. 왕복 티켓은 첫 승차일로부터 14일간 유효하다.

난바(OCAT) 편도 1,100엔(왕복 1,900엔), 오사카역 1,600엔(2,900엔), 덴포잔 1,600엔(2,900엔), 나라 2,100엔(4,000엔)
kate.co.kp

난카이 특급 라피트

Move to Another City

오사카-주요 도시 이동하기

오사카에서 간사이 주요 도시로 가는 방법을 소개한다. 전체 일정 중 하루 이틀 정도는 오사카에서 출발해 간사이의 매력적인 도시를 여행해보기를 추천한다. 이용 가능한 패스에 따라 적절한 이동 방법을 선택하자.

JR

오사카 ······· 교토

한큐 전철: 한큐 오사카우메다역에서 교토 가와라마치역까지 한큐 특급은 43분 소요, 요금은 410엔이다.

PASS 간사이 스루패스, 한큐 투어리스트 패스
JR: JR 오사카역에서 JR 교토역까지 JR 신쾌속은 29분 소요, 요금은 580엔이다. 교토가 처음이라면 교토역에서 여행을 시작하는 것도 좋다.
PASS JR 패스, JR 간사이 와이드에어리어 패스 등
케이한 전철: 케이한 요도야바시역에서 기온시조역까지 특급은 49분 소요, 요금은 430엔이다. 요도야바시·시치조·기온시조· 데마치야나기역 중 동선에 따라 내릴 수 있어 편리하다.
PASS 간사이 스루패스, 케이한 패스

오사카(우메다) ······· 교토 아라시야마

한큐 전철: 한큐 오사카우메다역에서 한큐 특급으로 가쓰라역까지 35분 소요, 가쓰라역 한큐 아라시야마선으로 환승하여 7분 소요, 요금은 410엔이다.
PASS 간사이 스루패스, 한큐 투어리스트 패스

오사카(우메다) ······· 고베

한큐 전철: 한큐 오사카우메다역에서 고베산노미야역까지 한큐 특급은 27분 소요, 요금은 330엔이다.
PASS 간사이 스루패스, 한큐 투어리스트 패스
한신 전철: 한신 우메다역에서 고베산노미야역까지 특급 31분 소요, 요금은 330엔이다.

킨테츠 전철

PASS 간사이 스루패스, 한신 투어리스트 패스
JR: JR 오사카역에서 JR 산노미야역까지 JR 쾌속은 27분 소요, 요금은 420엔이다.
PASS JR 간사이패스, JR 간사이 와이드패스, JR 간사이 미니패스

오사카(난바) ······• 고베

한신 전철: 오사카난바역에서 고베산노미야역까지 44분 소요, 요금은 420엔이다.
PASS 간사이 스루패스, 한신 투어리스트 패스

오사카 ······• 나라

킨테츠 전철: 오사카난바역에서 킨테츠나라역까지 38분 소요, 요금은 680엔이다.
PASS 간사이 스루패스, 킨테츠 레일패스 1·2일권
JR: JR 오사카역에서 JR 나라역까지 야마토지쾌속은 51분 소요, 요금은 820엔이다.
PASS JR 간사이패스, JR 간사이 와이드패스, JR 간사이 미니패스
JR: JR 텐노지역에서 JR 나라역까지 야마토지쾌속은 34분 소요, 요금은 510엔이다.
PASS JR 간사이패스, JR 간사이 와이드패스, JR 간사이 미니패스

Public Transportation

오사카의 대중교통

일본 대중교통의 가장 큰 단점은 바로 요금이다. 단일 요금이 비싸고 환승 할인도 거의 없어 우리나라보다 무척 비싸다. 대신 활용해볼 만한 정기권이나 패스의 종류가 많으므로 잘 살펴보고 구입하자.

오사카메트로

8개 노선과 뉴트램 1개 노선을 운영하며 오사카 시내 곳곳을 연결해 여행자들이 가장 많이 이용한다. 사철과 달리 환승이 가능하며 중간 1칸은 항시 '여성전용(女性専用)'칸으로 이용된다. 승차 시 개찰구에 승차권을 투입해 통과한 후에는 반드시 승차권을 회수해야 한다. 하차 시에는 개찰구에 승차권을 투입하고 회수하지 않아도 된다. 'IC'라고 적힌 개찰구는 교통카드 전용 개찰구다.

첫차 오전 5시대, 막차 자정대

성인 1구간 190엔, 어린이 100엔

간사이 스루패스, 오사카 주유패스, 오사카 1~2일 승차권, KYOTO-OSAKA SIGHTSEEING PASS(오사카 지하철 버전) 등

오사카메트로 주요 노선

미도스지선: 시내 중심부를 세로 방향으로 관통하는 노선. 우메다와 신사이바시, 난바를 바로 연결한다.

츄오선: 시내 중심부를 가로 방향으로 관통하는 노선. 베이 에어리어 지역과 오사카성을 연결한다.

타니마치선: 타노선과 환승하기 가장 좋은 노선. 헵파이브, 주택박물관, 오사카성, 아베노하루카스 등 주요 명소를 지난다.

요츠바시선: 미도스지선처럼 세로 방향 노선. 니시우메다에서 난바로 이동할 때 주로 이용한다.

센니치마에선: 가로 방향 노선. 미나미의 주요 지역과 츠루하시 시장을 연결한다.

뉴트램 난코포트타운선: 경전철로 베이 에어리어 지역과 인공섬 사키시마 일대를 운행한다. 오사카메트로와 환승이 가능하다.

오사카 시티버스

오사카메트로 주요 역과 연결되며 열차에 비해 운영 시간이 짧고 거리에 비해 요금도 비싼 편이다. 뒷문으로 승차하고 앞문으로 내리면서 요금을 낸다. 내릴 때는 정거장이 다가올 때 하차 벨을 누르고, 차가 완전히 선 뒤에 움직여야 한다.

첫차 오전 6시 50분~7시대, 막차 오후 7~9시대

성인 1구간 210엔, 어린이 110엔

오사카메트로와 같은 패스 이용 가능

JR

일본 전역에서 운영되는 철도. 서일본·동일본·시코쿠·큐슈 등으로 운영 회사가 나뉘며, 신칸센 역시 JR 소속이다. 오사카메트로와 달리 주로 지상으로 이동하기 때문에 오사카 시내 풍경을 감상할 수 있다.

서울 지하철 2호선처럼 순환선도 있어 오사카 시민들의 통근, 통학에서 빠트릴 수 없는 수단이다. 시내는 다른 교통편에 비해 운임이 저렴하다.

첫차 오전 4시 50분대, 막차 자정~00:30분대
120엔(거리 비례로 증가), 간사이 공항선(린쿠타운역, 간사이 공항역) 이용 시 170엔 추가
PASS 간사이 원데이 패스, 유니버설 스튜디오 재팬 스페셜 티켓, JR 웨스트 레일패스 등 이용 가능(간사이 스루패스 불가)

오사카 모노레일

이타미 공항에서 카도마시 구간, 만박기념공원에서 사이토니시 구간까지 2개 노선으로 운영되는 모노레일로 오사카메트로나 다른 사철과 환승할 수 있다.

첫차 5시 40분대, 막차 11시 50분~12시내
성인 기본 200엔(거리 비례로 증가), 아동 100엔(성인 동반 유아 2명 무료)
PASS 간사이 스루패스, 모노레일 원데이 패스

택시

우리나라에 비해 기본 요금이 2배 정도 비싸다. 택시 회사 별로 요금이 다르며 콜택시를 이용하고 싶다면 'JapanTaxi'라는 앱을 활용해보자. 차문은 기사가 직접 작동하므로 함부로 여닫지 않도록 하자.

24시간(단 시내에서 먼 곳에 있을 경우에는 잡기가 어려움)
기본 요금 500~700엔(거리 비례로 증가), 카드 결제 가능, 택시에 'VISA' 로고 등 안내 부착

Pass for Traveler

여행자를 위한 교통패스

시내 이동이 많은 여행자라면 오사카 1일 승차권, 명소 방문이 많다면 오사카 주유패스가 좋다. 오사카를 비롯해 근교의 교토·고베·나라를 여행한다면 간사이 스루패스를 추천한다.

오사카 1일 승차권
大阪1日乗車券

오사카시 교통국 소속의 교통수단(메트로·뉴트램·시내버스)을 1일간 무제한으로 탑승할 수 있다. 국내에서 구매할 수 있는 외국인 전용의 '비지터스 패스'와 오사카 현지에서 구매할 수 있는 '엔조이 에코카드' 두 종류가 있으며 혜택은 동일하다. 단, 비지터스 패스는 국내 여행사 또는 오사카시 관광안내소에서만 구매할 수 있다. 엔조이 에코카드는 오사카메트로 전역에서 구입할 수 있지만 주중과 주말 요금이 다르다. 하루 지하철 탑승 횟수가 3~4회 이상인 여행자에게 추천한다.

비지터스 패스 700엔, 엔조이 에코카드 국내 800엔(약 8,000원), 오사카 내 주중 820엔·주말 620엔
*관광안내소, 오사카시 교통국(오사카메트로 전역) 티켓 발매기에서 판매

오사카 e-pass

30곳 이상의 오사카 명소를 1회에 한해 무료로 입장할 수 있는 QR 코드 패스다. 1일권과 2일권(연속 2일간)이 있어 일정에 따라 선택할 수 있으며, 패스 안에는 미식가를 위한 라쿠유 패스가 포함되어 음식점 10% 할인도 가능하다. 교통수단 이용은 포함되어 있지 않기 때문에 지하철 패스를 추가로 구입해야 한다. 오사카 지하철 패스를 구입하거나 주유패스를 구입하지 못한 여행자에게 추천한다.

1일권 2,000엔, 2일권 2,500엔
*온라인 여행 플랫폼 판매

칸쿠치카토쿠 킷푸
関空ちかトクきっぷ

간사이 공항에서 난바까지 난카이 급행 편도 티켓과 오사카메트로 1회 승차권이 결합된 티켓이다. 공항에서 난바까지 난카이 전철과 오사카메트로를 이용해 이동하는 요금보다 저렴하다. 공항에서 시내 방향만 가능한 요코소 오사카 티켓과 달리 공항과 시내 양방향에서 모두 이용할 수 있다. 도착(구입) 당일 난바역을 통해 오사카 시내로 이동하는 여행자에게 추천한다.

성인 1,020엔, 아동 510엔
*간사이 공항역 난카이 매표소, 오사카메트로역 발매기(난바·히가시우메다·텐가차야 제외)에서 판매

오사카성

간사이 스루패스
KANSAI THRU PASS

JR을 제외한 간사이 지역의 지하철·버스·전철(JR, 공항리무진, 좌석버스 제외)을 모두 이용할 수 있다. 특전 시설 할인이 가능한 패스이며 오사카·교토·나라·고베·히메지·고야산·와카야마까지 폭넓게 이용할 수 있다. 비연속 사용이 가능해 특정일에 이용할 수 있으며, 시외를 연결하는 전철뿐 아니라 오사카와 교토의 지하철 및 버스도 이용할 수 있어 편리하다. 오사카를 중심으로 2~3일 동안 시외 3곳 이상 방문하는 여행자에게 추천한다.

2일권 4,380엔, 3일권 5,400엔
surutto.com/tickets
*국내 여행사, 소셜커머스, 투어리스트 인포메이션 센터(간사이공항·교토·다이마루 신사이바시), 난카이 전철 간사이공항역 창구, 난바 관광안내소, 한큐 투어리스트 센터 우메다, 빅카메라 난바점 등에서 판매

JR 간사이 미니패스
JR KANSAI MINI PASS

오사카·교토·고베·나라 지역의 JR 보통·쾌속·신쾌속 열차를 무제한 이용(히메지는 추가 요금 발생)할 수 있는 JR 전용 패스다. 3일 동안 간사이 주요 지역을 다닐 수 있는 가장 저렴한 패스로, 사철보다 다소 요금이 비싼 JR 전철을 무제한 탈 수 있는 것이 최대 장점이다. 단, 일본 현지에서는 구입할 수 없으므로 반드시 국내에서 미리 구입해야 한다. 또한 하루카·신칸센 등 특급열차는 이용할 수 없으며, 하루카 이용 시 추가 금액을 지불해야 지정석 탑승이 가능하다. JR역과 인접한 숙소를 중심으로 오사카·고베·나라·교토를 둘러볼 여행자에게 추천한다.

3일권 3,000엔
*국내 여행사, 소셜커머스에서 판매

오사카 주유패스
OSAKA AMAZING PASS

오사카 주유패스는 전철과 버스 무제한 승차, 약 40곳 이상 시설 무료 입장 및 특전을 제공하는 간편하고 유용한 패스다. 인터넷을 통해 사전에 구매한 다음 현지 관광안내소에서 교환할 수 있다. 오사카메트로를 이용해 오사카의 주요 명소를 알차게 둘러볼 여행자에게 추천한다.

1일권 2,800엔, 2일권 3,600엔 (어린이 요금 없음)
osp.osaka-info.jp
*오사카메트로역 정기권 발매소, 오사카 관광안내소, 난바 관광안내소, 간사이 투어리스트 인포 메이션 센터 다이마루 신사이바시, 간사이 투어리스트 인포메이션 센터(제1·2터미널), 사철 주요 역 등에서 판매

Close-up Osaka Amazing Pass

오사카 주유패스 제대로 활용하기

오사카 주유패스는 오사카 여행자를 위한 가성비 좋은 여행 패스다. 무엇을 보고 경험할지, 어떤 순서로 일정을 짤지 고민이라면 우선 가고 싶은 곳을 정한 뒤 주유패스를 활용해 무료로 입장할 수 있는지 확인하자. 대중교통 이용 여부와 이용 날짜에 따라 주유패스를 구입하면 된다.

1일권·2일권 선택하기

오사카메트로, 오사카 시티버스 전 노선(일부 노선 제외), 오사카 시내를 운행하는 한큐·한신·게이한·킨테츠·난카이 전철을 해당 일별로 자유롭게 이용할 수 있다. 단, 2일권은 연속 2일만 사용 가능하며, 오사카메트로와 오사카 시티버스(일부 노선 제외)만 이용(사철 이용 불가능)할 수 있다.

주요 시설 무료 입장

우메다 스카이빌딩 공중정원 전망대, 우메다 스카이빌딩 기누타니 고지 천공미술관, 헵파이브 관람차, 오사카시립주택박물관, 오사카시립과학관, 나카노시마 리버크루즈, 국립국제미술관, 톤보리 리버크루즈, 톰보리 리버 재즈보트, 가미가타 우키요에관, 도톤보리 ZAZA ZAZA 개그라이브, 오사카 원더 크루즈, 덴포잔 대관람차, 지라이언뮤지엄, 범선형 관광선 산타마리아 데이 크루즈, 범선형 관광선 산타마리아 트와일라이트 크루즈, 캡틴라인, 레고랜드 디스커버리센터 오사카, 사키시마 코스모타워 전망대, 보트레이스 스미노에, 오사카성 천수각, 오사카성 니시노마루 정원, 오사카성 고자부네 놀잇배, 오사카 수상버스 아쿠아라이너, 오카와강 벚꽃 크루즈, 요리미치 선셋 크루즈, 오사카역사박물관, 피스 오사카, 츠텐카쿠, 덴노지 동물원, 게이타쿠엔 정원, 시텐노지(중심가람, 혼보정원), 시립나가이식물원, 시립자연사박물관, 만국박람회 기념공원, 오사카 휠, 타워 슬라이드(츠텐카쿠) 등

주요 특전 시설

우메다 스카이빌딩 공중정원 전망대, 국립국제미술관, 레고랜드 디스커버리센터 오사카, 츠텐카쿠 특별 옥외 전망대 '덴보 파라다이스', 시립자연사박물관, 에비스타워, 하루카스 300, 아베노하루카스미술관, 엑스포시티, 아마가사키성 등

이용 방법

- 카드 승차권으로 전철과 버스 이용하기: 카드 승차권을 자동개찰기에 통과시킨 후부터 24시간 동안(2일권은 연속 2일간) 전철과 버스를 마음껏 이용(이용일 첫차-막차 기준)

- 카드 승차권으로 시설 이용하기: 시설 창구에서 카드 승차권을 제시하면 약 40개 이상의 시설을 각 시설 1회에 한해 무료로 이용 가능. 승차권 이용일(2일권은 연속 2일간)에만 유효. 단 2일권도 동일한 시설은 이틀간 1회만 무료로 사용 가능하며 전철·버스의 이용과 시설의 무료 입장은 같은 날에 해당
- 전철·버스에 승차할 때에는 역의 개찰기 또는 버스 요금함의 카드 투입구 이용
- 무료로 이용할 수 있는 관광 시설에서는 카드 승차권을 시설 직원에게 제시
- 특전을 받을 수 있는 시설·점포에서는 카드 승차권을 창구에 제시
- 전철·버스 등의 개찰기에 카드를 투입하면 카드 승차권의 뒷면에 이용 날짜가 인쇄
- 시설을 먼저 이용할 경우에는 직원이 카드 승차권의 뒷면에 이용 날짜를 기입

주유패스로 즐기는 천연온천, 스파 스미노에

천연 노천 온천 스파 스미노에(天然露天温泉スパスミノエ)는 스미요시타이샤 근처로 뉴트램선과 가까운 곳에 위치한다. 사계절을 느낄 수 있는 '모리노츠보유'와 대나무 숲의 운치를 느낄 수 있는 '치쿠린노유'가 격주로 선보인다. 식욕세트를 구입하면 온천 후 식사를 즐길 수 있으며 기본적인 세면 용품은 무료이지만 수건과 로커 등은 유료다. 숙소가 난바 지역이라면 하루 일과 후 들러 피로를 풀기에 좋다.

1-1-82 Izumi, Suminoe-ku, Osaka-shi
10:00~다음 날 2:00 성인 750엔
spasuminoe.jp @spasuminoe

How to get there

주요 명소로 가는 방법

우메다 도착

❶ 간사이 국제공항 출발 JR

- JR 간사이쿠코역
  - JR 간사이공항선 75분
- JR 오사카역

❷ 난바 출발 지하철

- 난바역
  - 미도스지선 10분
- 우메다역

❸ 난바 출발 지하철

- 난바역
  - 요츠바시선 10분
- 니시우메다역

난바 & 신사이바시 도착

❶ 간사이 국제공항 출발 JR+지하철

- JR 간사이쿠코역
  - JR 간사이공항선 56분
- JR 신이마미야역
  - 야마토지선 환승
- JR 난바역

❷ 간사이 국제공항 출발 난카이

- 난카이 간사이쿠코역
  - 난카이 라피트 39분
- 난카이 난바역

❸ 간사이 국제공항 출발 리무진

- 리무진버스 정류장
  - 난바OCAT행 버스 50분
- 난바OCAT

❹ 우메다 출발 지하철

- 우메다역
  - 미도스지선 8분
- 난바역

❺ 우메다 출발 지하철

- 우메다역
  - 미도스지선 7분
- 신사이바시역

텐진바시 도착

❶ 간사이 국제공항 출발 JR+지하철

- JR 간사이쿠코역
  - JR 간사이공항선 70분
  - JR 오사카역-환승
- 히가시우메다역
  - 다니마치선 4분
- 텐진바시로쿠초메역

❷ 우메다 출발 지하철

- 히가시우메다역
  - 다니마치선 4분
- 텐진바시로쿠초메역

❸ 난바 출발 지하철

- 니혼바시역
  - 사카이스지선 10분
- 텐진바시로쿠초메역

❹ 난바 출발 지하철

- 다니마치큐초메역
  - 다니마치선 15분
- 텐진바시로쿠초메역

오사카성 도착

❶ 간사이 국제공항 출발 JR

- JR 간사이쿠코역
- JR 간사이공항선 50분
- 텐노지역
- JR 칸조선 9분
- 모리노미야역

❷ 간사이 국제공항 출발 난카이+JR

- 난카이 간사이쿠코역
- 난카이 특급 41분
- 신이마미야역 환승
- JR 칸조선 14분
- 모리노미야역

❸ 간사이 국제공항 출발 리무진+지하철

- 리무진버스 정류장
- 공항리무진 58분
- 히가시우메다역
- 다니마치선 7분
- 다니마치욘초메역

❹ 우메다 출발 JR

- 히가시우메다역
- JR 칸조선 11분
- 모리노미야역

❺ 우메다 출발 지하철

- JR오사카역
- 미도스지선 7분
- 신사이바시역

❻ 난바 출발 지하철

- 닛폰바시역
- 사카이스지선 3분
- 사카이스지 혼마치역 환승
- 츄오선 3분
- 모리노미야역

❼ 난바 출발 지하철

- 난바역
- 미도스지선 3분
- 혼마치역 환승
- 츄오선 3분
- 다니마치욘초메역

텐노지 도착

❶ 간사이 국제공항 출발 JR

- JR 간사이쿠코역
- 칸쿠쾌속 50분 / 하루카 32분
- JR 텐노지역

❷ 우메다 출발 지하철

- 우메다역
- 미도스지선 15분
- 텐노지역

❸ 우메다 출발 지하철

- 히가시우메다역
- 다니마치선 13
- 텐노지역

❹ 우메다 출발 JR

- JR 오사카역
- JR 칸조선 22분
- 텐노지역

❺ 난바 출발 지하철

- 난바역
- 미도스지선 7분
- 텐노지역

베이 에어리어 도착

❶ 우메다 출발 지하철

- 우메다역
- 미도스지선 4분
- 혼마치역 환승
- 츄오선 11분
- 오사카코역

❷ 우메다 출발 지하철

- 니시우메다역
- 요츠바시선 3분
- 혼마치역 환승
- 츄오선 11분
- 오사카코역

❸ 난바 출발 지하철

- 난바역
- 미도스지선 4분
- 혼마치역
- 츄오선 11분
- 오사카코역

What to Eat

오사카 사람들의 소울푸드

과거 상업의 중심지였던 오사카는 일본 전국의 다양한 식재료를 접할 수 있던 덕에 '일본의 부엌'으로 불렸다. 밀가루를 사용해 노동자들이 간단하게 즐길 수 있는 코나몬 음식 문화가 발달했으며, 특히나 유명한 오사카 우동은 꼭 맛보길 추천한다.

오코노미야키 お好み焼き

코나몬(粉もん) 문화가 발달한 오사카의 대표 음식으로 '오코노미(취향)'와 '야끼(굽다)'의 합성어다. 육수에 계란과 밀가루, 잘게 썬 양배추와 파 등을 넣은 반죽을 철판에 굽는다. 돼지고기가 정석이지만 해산물이나 치즈 등을 넣기도 한다. 달콤한 소스와 마요네즈, 가츠오부시와 파래김 등을 취향에 따라 뿌려 먹는다. 가정에서 반찬으로 먹을 정도로 오사카 사람들의 소울푸드다.

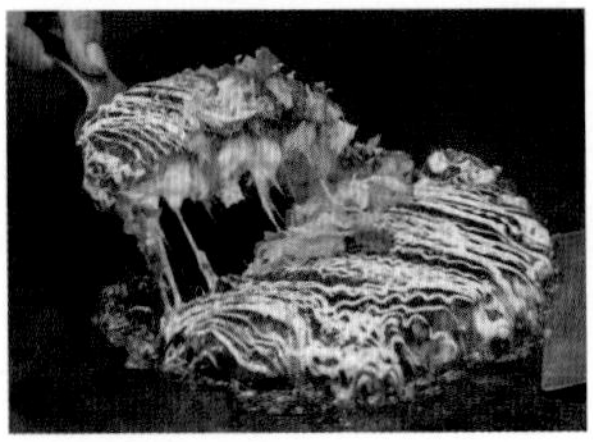

쿠시카츠 串カツ

꼬치에 여러 재료를 꽂아 튀겨내는 요리로 1930년대경 노동자들이 모여 살던 신세카이에서 시작되었다. 지금은 오사카는 물론이고 일본인 모두의 소울푸드다. 기본은 소고기와 돼지고기, 닭고기 등을 주재료로 하지만 메추리알, 치즈, 채소 등 취향에 따라 재료를 더해 즐길 수 있다. 튀김으로 위장이 상하지 않도록 음식점마다 양배추를 제공하는 것도 특징이다. 쿠시카츠는 한 번만 소스를 찍어 먹는 것이 에티켓이기 때문에 처음부터 소스에 완전히 담가 찍어 먹는 것을 추천한다.

타코야키 たこ焼き

오코노미야키와 함께 코나몬의 대표 주자다. 밀가루 반죽 안에 두툼하게 썬 문어 조각을 넣고 생강, 파, 곤약 등을 넣어 동그랗게 굽는다. 소스와 파래김, 가츠오부시 등을 뿌린 다음 이쑤시개로 콕 찍어 한입 물면 겉은 바삭, 속은 촉촉 쫄깃한 문어의 식감을 느낄 수 있다. 오사카 사람들의 간식이자 주식이며, 타코야키를 빙글빙글 돌려가며 굽는 것은 오사카 사람이라면 어린이도 몸에 밴 기술이다.

키츠네 우동 きつねうどん

고명을 올리지 않는 심플한 스우동에 달짝지근하게 조린 얇은 유부튀김을 올린 것이 키츠네 우동이다. 키츠네는 일본어로 여우를 뜻하는 말로 설화에 따르면 여우가 유부를 좋아해 이러한 이름을 붙였다고 한다. 키츠네 우동은 가다랑어와 다시마로 낸 육수를 사용하며, 면이 부드러워 오사카 아이들의 이유식으로도 인기다. 메이지시대부터 생기기 시작한 오사카의 우동집은 어디에서나 쉽게 찾을 수 있다.

부타만 ぶたまん

돼지고기와 양파를 기본으로 넣은 고기호빵(니쿠만)으로, 부타는 '돼지'라는 뜻이다. 부타만은 반으로 쪼개 겨자나 간장을 곁들여 먹으면 맛있다. 오사카 사람들은 오코노미야키, 타코야키보다 부타만을 소울푸드로 생각한다고. 니쿠만이라 부르지 않고 부타만이라고 부르는 것 또한 오사카 사람들의 애정 어린 고집이다. 오사카에 출장을 온 비즈니스맨들의 필수 선물 아이템이기도 하다.

하코즈시 箱寿司

일명 '상자초밥'으로 틀에 음식을 차곡차곡 담은 뒤 눌러 만든다. 새우, 붕장어, 관자, 돔, 계란말이 등을 식초로 맛을 낸 밥과 함께 나무틀에 넣고 만든 뒤 네모나게 잘라 먹는 스시다. 신선한 생선을 준비해서 바로 먹는 에도식 니기리즈시와 달리 숙성시킨 생선이나 해산물을 넣어 장기간 보존이 가능하다. 메이지시대부터 연회나 중요한 행사에 즐기던 요리로 오사카 사람들은 나들이를 갈 때 많이 먹는다.

야키니쿠 焼肉

우리네 고기구이가 일본에 정착한 것으로 '야키(굽다)'와 '니쿠(고기)'가 합쳐져 '구운 고기' 요리를 뜻한다. 일본은 근대화 이전인 1872년까지 육식 금지령이 내려져 육식 문화가 발달하지 않았지만, 일제강점기 때 오사카 등으로 끌려가거나 이주한 한인들이 야키니쿠 식당으로 생계를 이어가면서 널리 퍼지기 시작했다. 우리나라의 불고기와는 달리 미리 양념에 재지 않고 먹기 전에 양념에 묻혀서 굽는 것이 특징이다. 우설, 소안창살이 가장 인기가 많고 갈비, 대창, 간 등 재료로 쓰이는 부위가 다양해 취향껏 즐길 수 있다. 야키니쿠 식당에서는 김치도 흔히 볼 수 있다.

라멘 ラーメン

예로부터 물이 좋기로 유명한 간사이 지방은 육수 문화가 발달해 국물의 섬세함과 깊이가 남다르다. 소금으로 간을 하는 깔끔한 육수에 돼지고기, 파, 양배추 등을 고명으로 올리는 것이 오사카 라멘의 특징이다.

돈부리 どんぶり

돈부리는 14세기 밥 위에 여러 종류의 음식을 올려 먹던 것에서 유래했다. 돈부리는 밥그릇보다 더 큰 그릇을 뜻하는 말이지만 지금은 덮밥류를 총칭하는 말로 쓰인다. 규동, 카츠동, 마구로동, 스테이크동, 우나기동 등 토핑 종류에 따라 다양하다.

Enjoy Coffee

특별한 커피 한 잔

마루후쿠커피 센니치마에본점

Marufuku Coffee

1934년에 문을 연 오사카 최초의 커피 전문점이다. 오사카에서 가장 오래된 커피 전문점답게 하얀 커피 잔에 까만 커피와 각설탕 조합의 스타일을 고수하고 있다. 커피의 첫맛은 아주 진하고 강하지만 혀끝에는 부드러움과 깔끔함만 남는다. 마루후쿠는 아직도 창업 당시 개발된 커피 머신을 그대로 사용하고 있다. 본점에는 커피 추출기 등도 전시되어 있어 오사카 커피의 역사까지 한눈에 볼 수 있다. 내부 인테리어가 예스럽고 아늑한 다방 같다.

1-9-1 Sennichimae, Chuo-ku, Osaka-shi
8:00~23:00 신용카드 가능
marufukucoffeeten.com/store/sennichimae
@marufukucoffee1934

글리치커피 오사카

Glitch Coffee Osaka

도쿄에서 스페셜티 커피로 유명한 글리치커피를 오사카에서 즐길 수 있다. 나카노시마에 위치한 호텔 콘래드 오사카 1층 로비에 오픈바 형태로 자리해 있어, 커피 내리는 모습을 직접 볼 수 있다. 에스프레소, 콜드브루, 배치브루 등이 있으며 핸드드립 커피를 선택하면 농장과 커피 정보를 자세하게 제공해준다. 스페셜티 커피답게 가격은 좀 비싸지만 최고의 맛과 서비스를 경험할 수 있다. 원두 구입도 가능하다.

Festival Tower West, 3-2-4 Nakanoshima, Osaka-shi 8:00~19:00 신용카드 가능
glitchcoffee.com @glitch_coffee_osaka

오사카 여행 중 커피 한 잔의 여유를 즐기고 싶다면 오사카만의 색깔을 담은 카페에 방문해보자. 커피마저 특별한 곳이 바로 오사카다.

블루보틀

Blue Bottle Coffee 梅田茶屋町カフェ

블루보틀 우메다 차야마치점은 '커피계의 애플'이라고 불리는 세계적 커피 체인인 블루보틀 커피의 여섯 번째 일본 지점이자 첫 번째 오사카점이다. 백화점, 상업시설, 극장과 방송국 등이 있는 지역의 분위기에 맞춰 세련된 인테리어가 돋보인다. 1~2층으로 되어 있으며 자리가 있는지 미리 확인하고 주문해야 한다. 시그니처 메뉴인 라테를 마시고, 머그컵과 텀블러 등 블루보틀의 인기 굿즈도 쇼핑해보자.

15-22 Chayamachi, Kita-ku, Osaka-shi
8:00~21:00 신용카드 가능
store.bluebottlecoffee.jp @bluebottlejapan

릴로 커피 로스터스

LiLo Coffee Roasters Osaka

'Live with Love'라는 뜻으로 오사카에서 가장 유명한 스페셜티 커피숍 중 한 곳이다. 난바와 신사이바시 사이에 위치, 도톤보리에서 도보로 15분 정도 걸린다. 모든 커피는 핸드드립 커피로 제공되며, 20여 종의 스페셜티 원두 중에 선택하면 된다. 커피를 주문하면 커핑 노트가 적힌 메모지를 제공해 맛을 음미하며 즐길 수 있다. 빈티지한 느낌의 킷사(Kissa)점 또한 근처에 위치한다. 의류, 모자, 머그컵, 드립백, 슬리브 등 다양한 굿즈를 판매한다.

1-10-28 Nishi-Shinsaibashi, Chuo-ku, Osaka-shi / 킷사점 2F, 2-7-25, Shinsaibashisuji, Chuo-ku, Osaka-shi 11:00~23:00 / 킷사점 13:00~22:00, 토요일 11:00~22:00, 일요일 11:00~21:00 신용카드 가능
coffee.liloinveve.com @lilocoffee

Dessert Cafe on Instagram

인스타그램 속 디저트 카페

세계 커피 소비량 3위에 달하는 일본. 그중 오사카의 카페 수는 약 9,300개로 도쿄보다도 많다. 커피와 베이커리, 디저트가 함께하는 카페의 천국 오사카. 지금 SNS에서 가장 핫한 카페를 소개한다.

오사 커피
OSA COFFEE

공항 콘셉트의 카페로 나카자키초에 위치한다. 일본 MZ세대들의 인기를 얻고 있는 곳으로 아이스토핑과 비행기 모양 로고 추가가 가능하다. 생 갸토 쇼콜라, 말차타르트, 푸딩 등을 커피와 함께 즐기기에 좋다.

3-3-10 Nakazaki, Kita-ku, Osaka-shi 10:00~18:00
fuk-coffee.net
@osa_coffee

코바토빵 공장
コバトパン工場

텐마바시역 근처에 위치한 곳으로 테이크아웃 카페다. 시그니처인 소시지빵과 에그마요소시지빵, 야끼소바빵, 비프카츠빵이 인기다. 야외 테이블에 앉아 인증 사진은 필수. 빵 외에 에코백, 머그컵 등 굿즈도 판매한다.

3-4-22 Tenma, Kita-ku, Osaka-shi 8:00~19:00(수요일 휴무)
batongroup.shop-pro.jp
@cobatopan

까눌레 드 자퐁
カヌレ堂 CANELÉ du JAPON

겉바속촉 까눌레 맛집으로 테이크아웃 전문점이다. 까눌레는 프랑스 보르도 지방에서 생긴 과자로 '골이 있는'이란 뜻. 현지인들도 줄 서서 찾는 곳이다.

1-6-24 Sakuragawa, Naniwa-ku, Osaka-shi
10:00~19:00(수요일 휴무)
caneledujapon.stores.jp
@caneledujapon

치즈타르트 전문점 파블로
焼きたてチーズタルトPABLO

스테이크처럼 구워진 정도를 선택해 입맛에 맞는 타르트를 고를 수 있다. 겉면을 바싹 구운 레어는 속이 부드럽게 흘러 치즈 푸딩과 같이 즐길 수 있고, 미디엄은 적절하게 구워져 입안에서 살살 녹는다.

2-8-1 Shinsaibashisuji, Chuo-ku, Osaka-shi
11:00~20:00(주말 10시부터)
pablo3.com
@pablo_cheese_tart_japan

잇신도
Issindo 一心堂

커다란 딸기가 통째로 들어가 있는 모찌가 유명하다. 시즌마다 제철 과일 모찌를 판매하는데, 앙금을 선택할 수 있다. 품절되는 경우가 많으니 오전에 방문하는 게 좋다.

19-7 Hikishoharaderamachi, Higashi-ku, Osaka-shi
9:00~19:00(수요일 휴무)
issindo-osaka.com
@issindo4

라티에라
Lattiera ラッティエーラ

다마쓰쿠리역에서 도보 10분 거리에 있는 곳으로 라테 아트, 수제 디저트, 다양한 젤라토로 유명한 이탈리안 카페다. 젤라토가 올라간 푸딩, 계절 과일을 이용한 파르페가 인기다.

8-2 Esashimachi, Tennoji-ku, Osaka-shi 12:00~18:00, 주말 12:00~19:00(수·목요일 휴무)
@lattiera_gelato

링고 애플파이 RINGO ルクア

쇼핑몰 루쿠아 지하 1층에 위치한 애플파이 맛집이다. 4종류의 애플파이가 있으며, 달콤한 사과와 144겹으로 만들었다는 바삭한 페이스트리가 환상적이다. 포장이 예뻐 선물용으로 구입하기에도 좋다.

B1F, 3-1-3 Umeda, Kita-ku, Osaka-shi 10:30~20:30
ringo-applepie.com
@ringoapplepie

카카오티에 고칸 Cacaotier
Gokan カカオティエ ゴカン

베이커리 고칸에서 운영하는 초콜릿 디저트 전문점으로 키타하마역 근처에 위치한다. 현지인들의 사랑을 받는 곳으로 1층은 테이크아웃을, 2층에서는 커피와 디저트를 즐길 수 있다.

2-6-9 Koraibashi, Chuo-ku, Osaka-shi 10:00~19:00
cacaotier-gokan.co.jp

소비노와
Sobinowa ソビノワ

히고바시역 근처에 위치한 카페로 계절별 파르페와 디저트로 유명하다. 인기 메뉴인 '만마루 딸기 파르페'에는 딸기와 젤라토, 우유, 파이 등이 들어간다. SNS에서 미리 메뉴를 확인하고 가자.

1-7-17 Kyomachibori, Nishi-ku, Osaka-shi 12:00~18:00(월요일 휴무) @sobinowa

Omiyage in Osaka

선물하는 즐거움, 오미야게

'오미야게(おみやげ)'는 여행지에서 사서 선물하는 기념품이란 뜻이다. 오사카 여행에서도 오미야게를 빼놓을 수 없다. 친구나 가족, 동료들을 위해 오사카만의 기념품을 골라보자. 여행이 끝나더라도 두고두고 오사카를 추억할 수 있을 것이다. 오미야게로는 주로 지역의 명물 과자나 디저트를 선물한다.

크라츠 쿠시카츠 맛

CRATZ クラッツ

글리코의 인기 과자 크라츠가 오사카 명물 튀김 꼬치 맛으로 재탄생했다. 바삭바삭한 식감과 매콤한 풍미 덕분에 맥주와 최고의 궁합을 자랑한다.

USJ 해리 포터 백미 빈즈

ハリーポッターの百味ビーンズ

USJ의 방문객이라면 반드시 구매하는 인기 기념품으로 영화 해리 포터 시리즈에 등장한 백미 빈즈의 맛을 그대로 재현했다. 새콤달콤한 과일 맛과 상상 이상의 특이한 맛까지 호기심을 자극한다.

오모시로이코이비토

面白い恋人

오사카 특유의 익살스러운 재치가 담긴 재미있는(오모시로이) 과자. 바삭바삭한 과자 사이에 크림이 들어 있으며 바닐라 크림·커피·초코 바나나 등 종류가 다양하다.

타네비츠

TANEBITS

阪急うめだ本店限定

일본 국민 안주로 유명한 카메다제과의 감씨과자와 한큐우메다 본점이 컬래버레이션해 만든 프리미엄 맥주 안주다.

그랜드 가루비 グランカルビー

유명 제과회사 가루비(calbee)와 한큐우메다가 컬래버레이션해 만든 한정 상품. 엄선한 감자를 두툼하게 잘라 바삭함과 풍미를 극대화시켰다. 소금 맛과 홋카이도 버터 맛이 최고 인기다.

바통 도르 バトンドール

바통 도르(Baton d'or)는 글리코(Glico)의 인기 과자인 포키(pocky)의 프리미엄 브랜드다. 독자적인 더블 버터 제조법으로 고급스러운 깊이와 풍미를 더한 프레첼을 맛볼 수 있다.

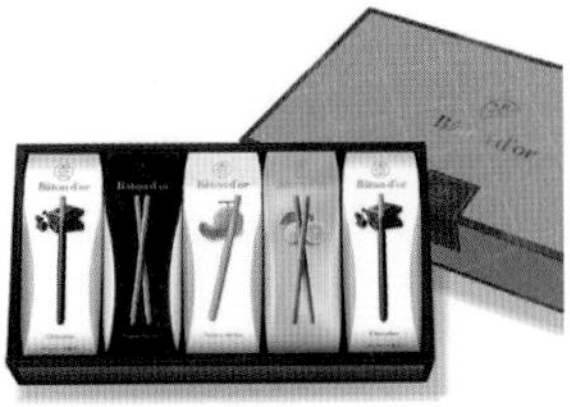

오사카 쁘띠 바나나

大阪プチバナナ

간토 지방에 도쿄 바나나가 있다면 간사이에는 오사카 쁘띠 바나나가 있다. 바나나 맛 커스터드 크림과 촉촉한 식감으로 모두에게 사랑을 받는 디저트다.

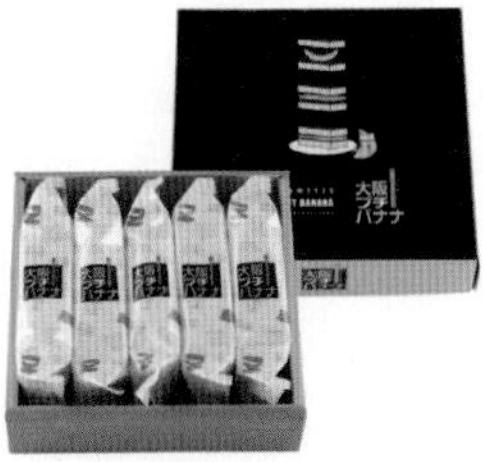

쿠이다오레 타로 사브레

くいだおれ太郎サブレ

오사카에서 가장 유명한 캐릭터인 쿠이다오레 타로를 형상화한 사브레. 풍부한 버터 맛과 바삭한 식감이 특징이다. 각 사브레마다 타로의 표정이 다르고, 노란 케이스에 들어 있어 선물용으로 좋다.

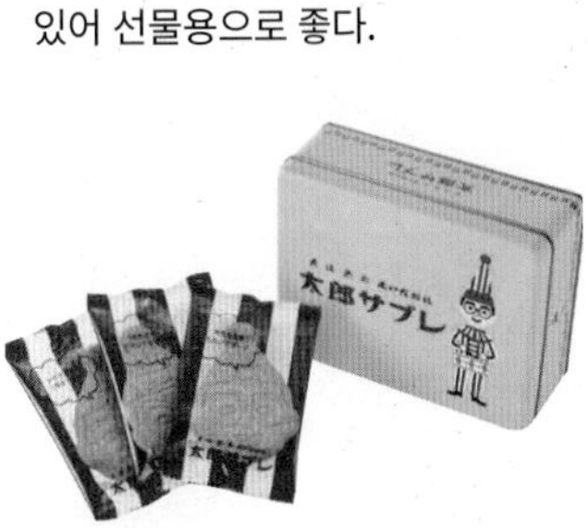

에에몬치 ええもんちぃ

키타하마에 본점이 있는 고칸(五感)에서 만든 마들렌. 발효 버터를 넣어 식감이 촉촉하고 검은콩을 넣어 맛이 고소하다.

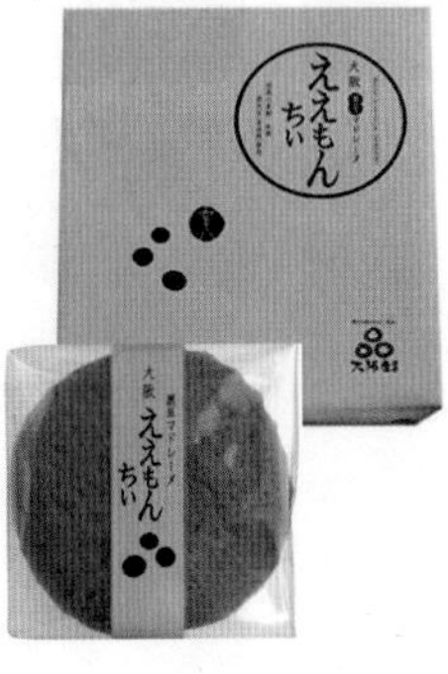

이카텐 오징어 센베이

OSAKA IKATEN

오징어의 진한 맛에 새우의 단맛을 살짝 입히고 쌀 기름에 담백하게 튀겨낸 센베이다. 바삭한 식감으로 간식과 안주용으로 좋다.

Pleasure of Shopping

소소한 쇼핑의 즐거움

이치비리안 본점

Ichibirian Honten いちびり庵 本店

오사카 여행의 기념품 구입은 이곳에서! 이치비리안은 오리지널 상품을 포함해 약 4,000종의 기념품을 판매하고 있다. 츠텐카쿠나 빌리켄, 구리코, 한신타이거즈 굿즈까지 없는 것이 없다. 휴대전화 충전, 수하물 임시 보관 등의 서비스도 제공한다.

1-7-2, Nanba, Chuo-ku, Osaka-shi
11:00~20:00 신용카드 가능
ichibirian.com @ichibirian_official

돈키호테 도톤보리점

Don Quijote Dotonbori ドン·キホーテ 道頓堀店

돈키호테는 취급하지 않는 상품이 없을 정도로 상품의 폭이 넓고 면세 적용까지 돼 외국인 관광객들의 필수 쇼핑 스폿이다. 쇼핑을 하지 않더라도 빽빽하게 압축 진열된 매장을 보물찾기 하듯 구경하는 재미가 있다. 쇼핑을 마쳤다면 건물 외부의 관람차도 즐겨보자.

7-13, Souemoncho, Chuo-ku, Osaka-shi
11:00~다음 날 3:00 신용카드 가능
donki.com @donki_jp

드럭스토어는 의약품뿐 아니라 화장품과 식품 등 다양한 품목을 취급해 알찬 쇼핑을 즐길 수 있다. 로프트와 핸즈 같은 잡화 전문 쇼핑몰에서는 인테리어 소품은 물론이고 DIY 제품, 라이프스타일과 관련된 다양한 상품을 쇼핑할 수 있다.

우메다 로프트

LOFT Umeda 梅田ロフト

우메다 차야마치의 중심 역할을 하는 우메다 로프트는 한국에도 잘 알려진 일본의 문구, 뷰티, 생활 잡화점이다. 빌리지 뱅가드 등 수많은 업체가 입점해 있어 한곳에서 쇼핑을 즐길 수 있다. 각종 컬래보와 팝업스토어가 많아서 언제 가도 즐겁게 쇼핑할 수 있다.

16-7, Chayamachi, Kita-ku, Osaka-shi
11:00~21:00 신용카드 가능
loft.co.jp @loft_umeda

핸즈 우메다점

Hands Umeda ハンズ 梅田店

2022년 도큐핸즈가 사명을 '핸즈'로 변경했다. 다이마루 백화점 10~12층을 차지하는 핸즈의 넓은 매장에는 헤아릴 수 없을 정도로 많은 미술용품, 문구, 아이디어 상품이 즐비하다. 구경하는 재미가 쏠쏠하고 오사카역과도 가까워 기념품을 사서 귀국하기에 좋다.

Daimaru Umeda 10F, 3-1-1, Umeda, Kita-ku, Osaka-shi 10:00~20:00 신용카드 가능
umeda.hands.net @handsinc.official

Department stores in Osaka

오사카의 백화점

한큐우메다 본점
Hankyu Umeda Honten

한큐 오사카우메다역을 나와 한큐3번가를 지나면 나오는 백화점. 우메다 3대 백화점 중 하나이며 가장 고급스럽고 세련된 분위기를 느낄 수 있다. 오사카 대표 기념품으로 꼽히는 손수건(백화점 1층)을 둘러보거나, 일본 전역의 각종 디저트가 한자리에 모여 있는 '일본의 명과선(지하 1층)'에서 쇼핑을 즐겨보자.

8-7 Kakudacho, Kita-ku, Osaka-shi
10:00~20:00 hankyu-dept.co.jp
@hankyu_event

한신우메다 본점
Hanshin Umeda Honten

한신 오사카우메다역에 위치한 백화점으로 맛집이 많기로 유명하다. 현지인도 즐겨 찾는 곳이라 지하 식품 매장은 평일 주말 상관없이 늘 사람들로 붐빈다. 지하 1층에는 푸트 코트인 스낵파크, 9층에는 '한신대식당'이라는 프리미엄 푸트 코트가 있어 취향에 맞게 골라 먹을 수 있다. 한신 명물인 이카야키는 스낵파크 내에 있다.

1-13-13 Umeda, Kita-ku, Osaka-shi
10:00~20:00 hanshin-dept.jp
@hanshin_dept

오사카에서 쇼핑과 즐길 거리, 먹거리와 커피 한 잔까지 모두 즐기고 싶다면 백화점을 추천한다. 일본 전국의 유명 메뉴를 만나고, 오사카만의 기념품도 구입할 수 있다. 특히 가족 여행자에게 백화점은 식사와 휴식을 위한 최고의 장소다.

다이마루 우메다점

Daimaru Umeda

JR 오사카역에 인접한 백화점이다. 고급 브랜드는 물론 키즈, 아기용품도 잘 갖추고 있어 다양한 연령대에 맞는 쇼핑을 즐길 수 있다. 특히 13층에는 포켓몬 센터, 닌텐도 스토어와 도라에몽, 원피스, 캡콤 등 굿즈숍이 있어 아이가 있는 가족 여행자에게 좋다.

3-1-1 Umeda, Kita-ku, Osaka-shi
10:00~20:00 daimaru.co.jp
@my_daimaruumeda

그랑프론트 오사카

Grand Front Osaka

JR 오사카역 근처에 위치한 복합 쇼핑몰로 4개의 건물에 260여 개의 점포가 있다. 오사카 최대 규모의 무인양품, 인터컨티넨탈호텔 오사카, 유명 맛집과 다양한 엔터테인먼트 공간을 갖추고 있다. 우메콘 광장 지하에는 물의 도시 오사카를 콘셉트로 한 계단형 폭포가 있어 쇼핑과 휴식을 동시에 즐길 수 있다.

4-20 Ofukacho, Kita-ku, Osaka-shi
10:00~21:00, 음식점 11:00~23:00
grandfront-osaka.jp @grand.front.osaka

Recommended Route

추천 코스

ROUTE 1

3박 4일 실속 코스

DAY 1

11:00 간사이 국제공항 도착
12:00 입국 심사 후 시내로 이동
13:00 점심 식사 및 숙소 체크인
15:00 쿠로몬시장, 덴덴타운
16:00 신세카이, 츠텐카쿠
18:30 저녁 식사, 아베노하루카스 야경

TIP. 아베노하루카스 58층 옥외정원에는 카페와 다이닝 바가 있다. 일정 여유가 있다면 야경을 바라보며 식사 또는 맥주 한잔을 즐겨보자. 첫날 마지막 일정으로 최고다.

DAY 2

8:00 유니버설 스튜디오 재팬으로 이동
9:00 유니버설 스튜디오 재팬 즐기기, 점심 식사
21:00 숙소 이동

TIP. 유니버설 스튜디오 재팬에서는 익스프레스 패스를 이용하면 대기 시간을 줄일 수 있다. 익스프레스 패스를 이용하지 않는다면 도착 후 최고 인기인 어트랙션부터 서둘러 이용하자.

DAY 3

9:00 오사카성, 오사카성 공원
13:30 덴포잔 마켓 플레이스, 점심 식사
15:00 가이유칸
18:00 난바시티, 난바파크스
19:30 저녁 식사, 신사이바시스지 상점가
21:00 도톤보리 야경

TIP. 가이유칸 일정 대신 산타마리아호나 덴포잔 대관람차를 탑승하는 것도 좋다. 날씨와 여행자의 컨디션에 따라 맞는 일정을 선택해보자.

DAY 4

11:00 숙소 체크아웃 후 린쿠타운으로 이동
12:00 린쿠타운 쇼핑 및 점심 식사
15:00 간사이 국제공항으로 이동

TIP. 린쿠 타운은 간사이 국제공항에서 한 정거장 거리로 아주 가깝다. 셔틀버스를 이용할 수 있기 때문에 출국 전, 떠나기 아쉬운 마음을 쇼핑으로 풀어보자.

쿠로몬 시장

가이유칸

신세카이

린쿠타운

유니버설 스튜디오 재팬

난바파크스

ROUTE 2

주유패스 3박 4일 알뜰 코스

DAY 1

11:00 간사이 국제공항 도착
12:00 입국 심사 후 시내로 이동
13:00 점심 식사 및 숙소 체크인
15:00 만박기념공원
19:00 저녁 식사, 아베노하루카스 야경

TIP. 아베노하루카스 입장권은 국내에서 저렴하게 구입할 수 있다. QR 코드로 입장이 가능해 편리하다.

DAY 2

10:00 주택박물관
11:30 오사카성, 오사카성 공원, 오사카역사박물관
14:00 베이 에어리어로 이동 후 점심 식사
15:30 산타마리아호 탑승
17:00 덴포잔 대관람차
19:30 코스모타워 전망대 야경

TIP. 오사카 주유패스 소지 시 주택박물관 무료 입장이 가능하다. 기모노 체험을 하고 싶다면 서두르는 것이 좋다. 기모노 체험은 오전 10시부터 30분 간격으로 16시까지 진행된다. 기모노 체험은 제한 시간 30분, 1인당 1,000엔의 추가 비용이 발생하며, 사물함은 무료로 사용할 수 있다.

DAY 3

9:30 츠텐카쿠
10:30 텐노지 동물원
13:00 점심 식사
14:00 톤보리 리버크루즈, 도톤보리
17:00 우메다 스카이빌딩 공중정원
19:00 저녁 식사
20:30 헵파이브 관람차 탑승

TIP. 헵파이브의 최종 탑승 시간은 22:45분이다. 한 바퀴를 도는 시간은 약 15분 정도로 속도가 느린 편이다. 초등학생 미만 어린이는 성인 동반자가 있어야 한다.

DAY 4

11:00 숙소 체크아웃 후 난바시티, 난바파크스로 이동
12:30 타카시마야 백화점, 점심 식사
15:00 간사이 국제공항으로 이동

TIP. 타카시야마 백화점은 마지막 일정으로 들러 쇼핑과 식사를 즐겨보자. 선물용으로 손수건, 스타킹 등을 사기 좋으며 지하 1층 식품관과 7~9층 식당가에서 식사하고 오미야게를 사기에도 좋다.

주택박물관

만박기념공원

아베노하루카스

산타마리아호

도톤보리

ROUTE 3

주유패스 1일 코스

11:00 오사카성, 천수각
10:30 오사카성 고자부네 놀잇배
12:00 톤보리 리버크루즈 승선 예약
12:30 점심 식사
14:00 가미가타 우키요에칸
15:30 톤보리 리버크루즈
16:30 츠텐카쿠
19:00 저녁 식사

ROUTE 4

주유패스 1일 코스

9:00 오사카성, 천수각
10:30 오사카성 고자부네 놀잇배
12:00 점심 식사
13:30 오사카주택박물관
15:00 기누타니 고지 천공 미술관
16:00 우메다 스카이빌딩 공중정원 전망대
19:00 저녁 식사
20:00 햅파이브 대관람차

ROUTE 5

아이와 함께 주유패스 1일 코스

9:30 오사카시립과학관
11:00 텐노지 동물원
12:30 점심 식사
14:00 가이유칸 또는 레고랜드 디스커버리 센터
16:00 산타마리아호
17:00 덴포잔 대관람차
18:00 저녁 식사 및 쇼핑

TIP. 비가 올 경우 레고랜드 디스커버리 센터를 추천한다. 레고랜드는 어린이와 동반한 성인이라면 주유패스로 입장할 수 있다.

ROUTE 6

부모님과 함께 주유패스 1일 코스

9:00 시텐노지
11:00 오사카성, 천수각
12:30 오사카역사박물관
13:00 점심 식사
14:00 오사카주택박물관
17:00 천연온천 나니와노유
19:00 저녁 식사

TIP. 주택박물관에서 이동하기 쉬운 나니와노유 온천을 방문해보자. 단 주유패스 무료 입장 혜택은 불가능하다.

텐노지 동물원

신세카이

우메다 스카이 빌딩

오사카역사박물관

시텐노지

간사이와 간토의 차이점

something special

오사카와 도쿄는 거리상 500km 정도 떨어져 있다. 오사카를 중심으로 한 간사이 지방과 도쿄를 중심으로 하는 간토 지방. 두 지역은 400km 정도 떨어져 저마다 독특한 개성을 지닌 우리네 서울과 부산처럼 문화, 음식, 언어 면에서 다양한 차이를 보인다.

간사이와 간토

간사이(関西)는 일본의 서부 지방, 간토(関東)는 동부 지방을 가리킨다. 간토와 간사이의 개념이 만들어진 것은 672년 임신의 난(壬申の乱) 이후 제 40대 텐무 덴노가 당시 수도였던 아스카를 방어하기 위해 설치한 세 관소(関所)를 기준으로 동쪽과 서쪽을 구분하게 된 데에서 비롯되었다. 현재 간사이는 2부 4현 즉, 오사카부, 교토부, 효고현, 시가현, 나라현, 와카야마현을 가리킨다. 또한 간토는 1도 6현 즉, 도쿄도, 이바라키현, 도치기현, 군마현, 사이타마현, 치바현, 가나가와현을 뜻한다.

조금 다른 성향

도쿄 사람들은 타지에서 온 경우가 많아 출생지에 따라 다른 관습과 문화를 가지고 있다. 그래서 타인과 적절한 거리를 두고 예의와 관습, 공중도덕 같은 규칙을 철저하게 지키려는 경향이 강하다고 한다. 반면 오사카 사람들은 모르는 사람과 가까이 앉거나 여행자에게 먼저 말을 거는 것을 부담스러워 하지 않는다고. 에둘러 말하는 도쿄 사람들에 비해 오사카 사람들은 다소 직설적이고 솔직한 편이다.

택시 색깔, 에스컬레이터 타는 방향

오사카와 도쿄는 택시의 색깔이 다르다. 도쿄는 옐로, 오렌지, 화이트, 블랙 등 회사에 따라 색상이 정해져 있다. 하지만 오사카는 블랙 컬러 택시가 대부분. 두 도시의 에스컬레이터 이용법 또한 다르다. 오사카에서는 에스컬레이터에 탈 때 오른쪽에 서고 걸어 지나가는 사람들은 왼쪽으로 타지만, 도쿄는 반대로 왼쪽에 타고 걸어 지나가는 사람이 오른쪽으로 탄다.

서로 다른 육수와 양념

간사이 지역은 다시마와 해초를 사용해 구수한 육수를 내고 간장으로 간을 해 육수 색깔이 옅고 투명하다. 또 간사이에는 부드러운 채소들이 많아 재료 본연의 맛을 느끼기 위해 담백한 양념을 선호한다. 간토 지역의 육수는 가츠오부시를 진하게 우려 감칠맛이 풍부하다. 진한 간장과 요리용 술로 간을 해 육수 색깔이 진하고 내용물이 보이지 않는다. 또 채소에 양념이 스며들도록 강한 양념을 선호한다. 이러한 차이는 인스턴트 라면에서도 알 수 있다. 컵라면 뚜껑이나 성분 표시에 'E'라고 써 있으면 간토, 'W'는 간사이 방식을 뜻한다.

간사이는 우동, 간토는 소바

간토 지역은 쌀 수확이 어려운 토양으로 예전부터 메밀을 재배해왔고 메밀가루와 밀가루를 섞어 만든 소바를 즐겨 먹었다. 반면 토양이 비옥한 간사이에서는 소바 대신 우동을 즐겨 먹었다. 그래서 간토는 소바, 간사이는 우동이라는 말이 있을 정도다.

니기리즈시와 오시즈시

우리가 흔히 생각하는 스시는, 주문 즉시 손으로 직접 만들어 밥 위에 생선을 올려주는 니기리즈시로 간토 지방에서 발달했다. 도쿄에서 먹는 니기리즈시는 에도마에즈시라고 한다. 간사이는 나무로 된 상자 틀에 밥과 식초로 절인 생선을 꽉 채운 후 틀에서 꺼내 잘라서 먹는 오시즈시가 발달했다. 이는 바다와 비교적 멀었던 지리적 요인 때문에 날 생선을 오랫동안 보존하기 위한 방안이었다.

도톤보리를 즐기는 방법

something special

오사카 하면 가장 먼저 떠오르는 곳은 바로 도톤보리다. 글리코 네온 간판부터 화려한 입체 간판이 즐비한 오사카 대표 번화가다. 도톤보리는 맛집 투어와 산책만으로 끝이 아니다. 인증숏 필수 코스부터 쇼핑, 나만의 도톤보리를 즐길 수 있는 방법을 소개한다.

글리코 네온 간판

Glico Sign

'이곳이 바로 오사카'임을 상징하는 글리코 네온 간판에서 인증숏부터 찍고 여행을 시작하자. 글리코 네온 간판이 보이는 에비스 다리 위는 늘 사람들로 붐벼 촬영 타이밍을 잡기가 쉽지 않을 정도다. 다리 아래 돈보리 리버워크에서 간판을 정면으로 두고 사진을 찍는 것도 좋다.

1-10-3 Dotonbori, Chuo-ku, Osaka-shi glico.com

도톤보리 대관람차 & 에비스타워

Dotonbori Giant Ferris Wheel

도톤보리의 밤을 한눈에 내려다보는 방법은 바로 돈키호테 도톤보리 대관람차 에비스타워를 이용하는 것. 4인승 곤돌라가 15분 동안 수평으로 회전하는 타원형의 관람차로 특별한 도톤보리를 즐길 수 있다. VR 고글을 쓰고 날씨와 상관없이 '에비스타워 360도 VR 동영상'을 즐길 수도 있다.

7-13 Souemoncho, Chuo-ku, Osaka-shi 14:00~20:00 (화·금요일 휴무) 일반 패스 600엔, VR 곤돌라 1,600엔 donki.com

톤보리 리버크루즈

とんぼりリバークルーズ

도톤보리강에서 즐길 수 있는 미니 크루즈 코스로 약 20분가량 소요된다. 도톤보리 한복판을 가로지르는 코스로 걸을 때와는 또 다른 도톤보리의 매력을 경험할 수 있다. 승선권은 배편을 지정해 발매하는 당일권만 있고 예약은 불가능하다.

7 Souemoncho, Chuo-ku, Osaka-shi 평일 13:00~21:00, 주말 11:00~21:00 매시 정각과 30분 출항 중학생 이상 1,200엔, 학생 800엔, 소아 400엔(부가세 포함) ipponmatsu.co.jp

이치비리안 도톤보리점

いちびり庵 道頓堀店

도톤보리의 대표 쇼핑 코스는 바로 나니와 명물 이치비리안 도톤보리점이다. 도톤보리를 걸으며 움직이는 간판으로도 유명한 인형 '쿠이다오레 타로'를 찾아보자. 4천여 점의 소품과 먹거리 등 오사카 특산품이 가득해 둘러보는 것만으로도 눈이 즐겁다. 오사카만의 기념품과 선물을 사고 싶다면 꼭 방문해보자.

1-7-21, Dotonbori, Chuo-ku, Osaka-shi 11:00~19:30 ichibirian.com

디자인 포켓

デザインポケット大阪本店

도구야스지 상점가에 위치한 곳으로 음식 모형을 직접 만들어볼 수 있다. 일본 음식점 앞에 진열된 타코야키, 스시, 젤라토, 타르트 등 리얼한 음식 모형을 만들수 있어 나만의 기념품을 완성할 수 있다. 아이에게 특별한 체험을 선물하고 싶은 가족 여행자에게 추천한다.

10-11 Nanbasennichimae, Chuo-ku, Osaka-shi 10:00~18:00 2,480엔~3,480엔(부가세 포함) designpocket.net

something special

오사카의 밤, 이자카야

해가 지면 오사카의 또 다른 모습을 만날 수 있다. 좁은 골목은 음식과 술을 곁들이며 즐겁게 수다를 떠는 사람들로 북적인다. 진짜 오사카의 일상을 경험하고 싶다면 이자카야에서 맥주를 즐기며 여행의 피로를 풀어보자.

밤엔 이자카야

이자카야는 일본술, 맥주, 사와 등 칵테일에 어울리는 다양한 요리를 즐길 수 있는 선술집이다. 일본의 밤 문화에서는 술과 음식이 빠질 수 없는데 금요일과 주말에 열리는 술 모임을 '노미카이(飲み会)'라고 한다. 일본 이자카야 중에는 서서 술을 마시고 안주를 즐기는 '다치노미(立ち飲み)'도 있다.

이자카야 이용 팁

첫 잔은 맥주: '토리아에즈 비루(とりあえずビール)'는 '일단 맥주로'라는 뜻. 안주를 시키기 전에 우선 음료를 시키는데, 첫 잔은 맥주로 시작하고 이후부터 마시고 싶은 술을 마신다.

오토시: 음료를 주문하면 작은 접시에 담긴 안주 '오토시(お通し)' 혹은 '츠키다시(つきだし)'를 준다. 계산할 때 자릿세가 추가되는데 그 대신 오토시가 나온다고 생각하면 된다. 오토시는 무료 리필이 되지 않고 추가로 주문해야 한다.

물수건 제공: '오시보리(おしぼり)'라는 물수건이 제공되며 손과 얼굴 등을 닦으면 된다.

인원 수대로 주문이 원칙: 1인 1개 메뉴 주문이 보통. 2인 메뉴라고 표시되어 있는 요리는 두 사람이 하나만 주문해도 괜찮다.

주문할 때: 터치 스크린이 있는 곳도 있지만 주문을 할때에는 '스미마셍(すみません)'이라고 하며 직원을 부르자.

신용카드 사용 여부 확인: 계산은 카운터에서 하면 되는데 일부 이자카야의 경우 현금만 가능한 곳이 있다. 신용카드를 사용할 예정이라면 미리 확인을 해두자.

이자카야를 만날 수 있는 요코초

'요코초(よこちょう)'는 골목이란 뜻으로 오사카에는 요코초로 불리는 곳이 여러 곳 있다. 요코초에는 저렴하고 맛있는 음식과 술을 판매하는 이자카야들이 많아 퇴근 후 직장인들이나 여행자들이 즐겨 찾는다.

호젠지 요코초 法善寺横丁 Hozenji Yokocho

난바 지역 도톤보리 근처로 오사카에서 가장 큰 이자카야 골목이다. 골목은 약 80m 길이로 이 거리에 60개 이상의 식당과 이자카야가 모여 있다. 에도시대로 타임슬립을 떠난 듯한 마법적인 분위기이며, 오사카 향토 음식도 즐길 수 있다.

1-1-6 Nanba, Chuo-ku, Osaka-shi

쟌쟌 요코초
ジャンジャン横丁 Jyanjyan Yokocho

신세카이 지역에 위치한 오래된 상업 거리로 복고풍의 향수를 불러일으키는 도시 풍경 덕분에 많은 여행자들이 찾는다. 180m 길이의 거리에는 상점, 레스토랑, 이자카야 바가 늘어서 있고 화려한 네온사인이 이국적인 모습을 연출한다. 쿠시카츠, 우동, 타코야키 등 오사카 대표 음식을 즐길 수 있다.

3-4 Ebisuhigashi, Naniwa-ku, Osaka-shi

도라메 요코초
虎目横丁 Torame Yokocho

난바 지역에 위치한 곳으로 엄선된 9개의 레스토랑과 이자카야 바가 모여 다양한 정통 오사카의 명물을 맛볼 수 있는 푸드 콤플렉스 스타일의 골목이다. 붉은 도리이와 등불로 장식되어 오사카의 밤을 즐기기 제격이다. 난바 메인 거리에 비해 가격이 저렴하면서도 특별한 요리를 즐길 수 있다. 일행이 저마다 다른 메뉴를 주문해도 한자리에 앉아 같이 식사할 수 있고, 다른 식당의 음식을 주문해 와 먹을 수도 있는 점이 장점이다.

2-3-15 Sennichimae, Chuo-ku, Osaka-shi
17:00~24:00, 주말 12:00~24:00

한큐 카파 요코초
阪急かっぱ横丁 Hankyu Kappa Yokocho

한큐 카파 요코초는 JR 우메다역 근처 한큐 전철의 선로 아래에 위치한 작은 골목이다. 약 30개의 레스토랑, 바, 카페 및 상점, 이자카야, 와인 바까지 다양한 음식점이 모여 있다. 지하철과 가까워 직장인들이 회식으로 즐겨 찾는 곳이기도 하다. 낮부터 영업하는 이자카야와 식당이 많아 점심에 찾기에도 좋다.

1-7-2 Shibata, Kita-ku, Osaka-shi 11:00~다음 날 1:00 kappa.hankyu.co.jp

리버사이드 카페에서 커피를

something special

노스쇼어 카페 앤 다이닝
NORTHSHORE CAFE & DINING

ノースショア カフェアンドダイニング

나카노시마 공원이 잘 보이는 강변 테라스에서 커피 한 잔의 여유를 만끽하자. 샌드위치, 팬케이크, 에그 베네딕트 등 다양한 메뉴가 있으며 가격대는 1,000~2,000엔. 테라스는 쌀쌀할 수 있으므로 유의하자.

1-1-28, Kitahama, Chuo-ku, Osaka-shi
+81-6-4707-6668 7:00~18:00 예약 불가
신용카드 가능 northshore.jp
@northshore.hanafru

키타하마 레트로
Kitahama Retro 北浜レトロ

유형문화재로 등재됐을 정도로 고풍스러운 외관부터 시선을 사로잡는 곳. 빈티지한 유럽의 카페를 그대로 옮긴 듯한 내부 역시 돋보인다. 아기자기하고 레트로한 소품이 가득하다. 인기 메뉴는 애프터눈티 세트(3,200엔)이지만, 보통의 커피(800엔)를 마시며 강변 풍경을 즐겨도 좋다.

1-1-26, Kitahama, Chuo-ku, Osaka-shi
+81-6-6223-5858 11:00~19:00, 주말 및 공휴일 10:30부터(연말연시 휴무) 예약 가능(시간 및 메뉴 한정) 신용카드 불가 @kitahama_retro

키타하마역에서 내리면 토사보리강을 따라 100년 역사를 가진 건물부터 초고층 빌딩까지 즐비한 곳에 개성 있는 카페들이 자리 잡고 있다. 커피 한 잔과 함께 달콤한 디저트를 맛보자.

모토커피

MOTO COFFEE モトコーヒー

2010년 토사보리 강변에 문을 연 모토커피는, 오사카 중앙공회당과 나카노시마의 풍경을 감상하며 커피를 음미할 수 있는 곳. 위치도 좋고 세련된 인테리어와 깊은 커피 향으로 이름나 있다. 인기가 좋은 만큼 웨이팅은 필수.

2-1-1, Kitahama, Chuo-ku, Osaka-shi
+81-6-4706-3788 11:00~18:00(비정기 휴무)
예약 불가 신용카드 불가
shelf-keybridge.com @motocoffee_osaka

브루클린 로스팅 컴퍼니 키타하마

Brooklyn Roasting Company Kitahama

ブルックリンロースティングカンパニー北浜

나카노시마 장미정원이 잘 보이는 강변에 자리한 브루클린 로스팅 컴퍼니 키타하마. 미국에 온 듯한 인테리어와 소품이 눈길을 끈다. 500엔 전후로 거의 모든 메뉴를 주문할 수 있어 젊은 층에게 인기 있는 곳.

1-1-9, Kitahama, Chuo-ku, Osaka-shi
+81-6-6125-5740 8:00~20:00, 주말 및 공휴일 19:00까지 예약 불가 신용카드 가능
brooklynroasting.jp
@brooklynroastingjapan

유니버설 스튜디오 재팬 베스트 어트랙션

something special

디즈니랜드와 함께 세계 최고의 테마파크인 유니버설 스튜디오 재팬(USJ). 꼭 경험해봐야 할 어트랙션을 추천한다.

쥬라기 공원 더 라이드
Jurassic Park The Ride

태고의 공룡을 만나는 짜릿한 탐험을 즐길 수 있다. 포효하며 날뛰는 티렉스에게서 도망치기 위해 26m 아래로 급강하하는 순간은 한 장의 사진으로도 남길 수 있다. 물에 흠뻑 젖을 수 있으니 염두에 두자.

익스프레스 패스 사용 가능
유니버설 VIP 익스피리언스 우선

쥬라기 공원 더 플라잉 다이너소어
Jurassic Park The Flying Dinosaur

짜릿한 어트랙션을 좋아한다면 반드시 경험해야 할 어트랙션. 세계에서 가장 긴 3,688피트 길이의 플라잉 코스터를 타고 프테라노돈처럼 비행해볼 수 있다.

익스프레스 패스 사용 가능
유니버설 VIP 익스피리언스 우선

해리 포터 앤드 더 포비든 저니
Harry Potter and the Forbidden Journey

2011~2015년 골든티켓 어워즈 '베스트 다크 라이드' 등 수상에 빛나는 최고 인기의 4D 어트랙션. 드래곤이 내뿜는 화염과 디멘터의 냉기 등 특별한 짜릿함을 느낄 수 있다.

익스프레스 패스 사용 가능
유니버설 VIP 익스피리언스 우선

마리오 카트: 쿠파의 도전장
Mario Kart: Koopa's Challenge

마리오 카트 및 마리오 게임 속 세상을 최신 기술로 구현한 세계 최초 어트랙션. 닌텐도 마리오 카트 게임을 좋아한다면 현실에서 직접 경험해볼 수 있다.

익스프레스 패스 사용 가능
유니버설 VIP 익스피리언스 우선

어메이징 어드벤처 오브 스파이더맨 더 라이드
The Amazing Adventures of SpiderMan The Ride

사상 처음으로 7년 연속 라이드 어트랙션상 수상. 마블 시리즈 팬이라면 반드시 경험해야 할 4D와 3D 융합 어트랙션이다. 100가지가 넘는 특수 효과와 차원이 다른 짜릿한 탑승감을 경험할 수 있다.

익스프레스 패스 사용 가능
유니버설 VIP 익스피리언스 우선

할리우드 드림 더 라이드 백드롭
Hollywood Dream The Ride Backdrop

평범한 롤러코스터를 거부한다면 43m 높이에서 떨어지는 짜릿함을 느껴보자. 최첨단 역주행 기술이 적용된 백드롭으로 예측 불가능한 스릴을 느낄 수 있다.

익스프레스 패스 사용 가능
유니버설 VIP 익스피리언스 우선

스페이스 판타지 더 라이드
Space Fantasy The Ride

끝없는 우주 공간에 흩어져 있는 별들 사이를 종횡무진 질주하는 어트랙션. 소행성을 피하는 아찔함과 해방감을 느끼며 태양을 구하는 모험을 떠날 수 있다.

익스프레스 패스 사용 가능
유니버설 VIP 익스피리언스 우선

미니언 메이헴
Despicable Me Minion Mayhem

거대 돔 스크린 위에 펼쳐지는 영상으로 미니언들의 대소동을 리얼하게 즐길 수 있는 어트랙션. 3D 모션 시뮬레이터를 타고 미니언의 세계를 경험할 수 있다.

익스프레스 패스 사용 가능
유니버설 VIP 익스피리언스 우선

오사카의 맛! 오코노미야키와 타코야키

something special

오사카 사람들이 가장 좋아하는 음식인 오코노미야키와 타코야키. 유튜브 '오사카에사는사람들TV'의 마츠다 부장이 추천하는 오코노미야키 맛집은 어딜까? 오사카의 맛을 한국의 지인에게 선물하고 싶다면 냉동 타코야키를 구입해보자.

간사이의 오코노미야키 vs 간토의 몬자야키

간사이 사람들은 오코노미야키를 밥 반찬처럼 즐겨 먹는다. 간토는 물에 갠 밀가루 반죽에 여러 가지 재료를 섞은 몬자야키가 유명하다. 오코노미야키는 밀가루에 재료를 섞어서 굽는다면 몬자야키는 묽기 때문에 건더기 재료로 둑을 쌓고 안쪽에 반죽을 부으면서 굽는다. 반죽이 끓어 수분이 줄어들면 둑을 무너뜨려 가며 반죽과 건더기를 섞고 주걱으로 반죽을 눌러서 먹는다.

오사카 타코야키 vs 효고 아카시야키

타코야키는 1935년경 오사카의 라디오야키(ラジヲ焼き)와 효고현 아카시시의 아카시야키(明石焼き)가 결합해서 생겨난 요리로 알려져 있다. 타코야키를 처음 만든 가게에서 효고현에서는 문어를 넣는다는 손님의 말을 듣고 라디오야키에 문어와 계란을 넣어 '타코'라고 이름을 붙였다. 타코야키는 1963년쯤 도쿄에 전파되고 1960년대 중반 관동지방에 포장마차 형태의 판매점이 생겨났다고 한다. 오사카 각 가정에는 타코야키 전용 조리기구인 타코야키키(たこ焼き器)가 하나씩 있을 정도로 보편화됐다.

타코야키를 선물하자

원조 타코야키 타코마사(たこ昌):
1969년 창업한 원조 타코야키 노포점인 타코마사의 냉동 타코야키. 간장으로 간을 맞춰 소스 없이도 담백하게 즐길 수 있으며, 대표 메뉴는 간장 타코야키다(판매처- 타코마사 도톤보리 본점).

아이즈야 타코야키(会津屋):
1933년 창업한 아이즈야의 냉동 타코야키. 특제 소스와 아오노리가 들어가지 않은 간장 베이스의 담백한 맛으로 승부한다. 겉멋 부리지 않고 소박하지만 풍미 있는, 정통 타코야키의 맛을 즐길 수 있다(판매처- 아이즈야 본점).

효게츠도 타코파티에(瓢月堂):
양과자점 효게츠도의 파티시에가 만든 타코야키 양과자다. 문어와 가츠오부시, 소스, 마요네즈까지 타코야키 맛을 그대로 재현했다. 짭짤한 타코와 달콤한 파이의 식감이 절묘하게 어우러진다(판매처: 효게츠도 트레 마르쉐 오사카 센트럴코트점).

오사카 마츠다 부장 추천 오코노미야키

히마와리
ひまわり

2F, 1-19-5, Higashishinsaibashi, Chuo-ku, Osaka-shi
17:00~24:00(일요일 휴무)
+81-6-6210-5631

치구사 오코노미야키
お好み焼き 千草

4-11-18 Tenjinbashi, Kita-ku, Osaka-shi
11:00~21:30(화요일 휴무)
+81-6-6351-4072
ke28800.gorp.jp

아지쿠라야
あじくらや

13-18 Obasecho, Tennoji-ku, Osaka-shi
16:30~다음 날 1:00
+81-6-6764-5213

something special

알고 먹으면 더 맛있는 쿠시카츠

쿠시카츠는 고기나 채소 등 여러 재료를 꼬치에 꽂아 튀김옷을 입힌 다음 기름에 튀긴 요리다. 오사카의 대표 음식 쿠시카츠는 조리법이 간단하고 조리 시간도 짧아 일본 사람들이 가장 사랑하는 대중 음식으로 자리 잡았다. 지역에 따라 즐기는 방식이 조금씩 다른 쿠시카츠에 대해 알아보자.

쿠시카츠의 유래

1929년 오사카 신세카이의 다루마(달마)라는 이자카야 여주인이 근처의 노동자들에게 고열량, 고단백의 영양가 있는 음식을 제공하기 위해 소고기를 잘라 꼬치에 튀긴 것이 시초라고 전해진다. 다루마 튀김 꼬치의 인기를 본 다른 신세카이의 이자카야 주인들이 따라 하기 시작했고 갓 튀긴 쿠시카츠에 시원한 맥주를 함께 즐기려는 현지인과 여행자들로 문전성시를 이룬다.

쿠시카츠와 덴푸라의 차이

꼬치에 꽂아 튀기는 것만 뺀다면 쿠시카츠와 덴푸라가 같다고 생각하는 사람들이 많다. 쿠시카츠는 돈카츠처럼 계란물, 빵가루를 입혀 일반 식용유에 튀기는 음식이다. 반면, 덴푸라는 밀가루와 계란을 섞어 만든 묽은 튀김 반죽을 얇게 입히고 땅콩기름이나 유채유 같은 고급 기름을 사용해 튀긴다. 재료는 비슷하나 덴푸라는 재료 손질에 공을 많이 들이고, 쿠시카츠는 재료 손질에 들어가는 수고가 적은 것이 특징. 이는 쿠시카츠의 유래를 생각하면 쉽게 이해할 수 있다.

소스 두 번 찍지 마라

쿠시카츠 원조집인 다루마에 가면 화를 내고 있는 커다란 캐릭터를 볼 수 있다. 그리고 그 옆에 오사카 사투리로 '소스 두 번 찍지 마라 카잖아(ソースの二度漬けは禁止やで)!'라는 문구가 쓰여 있다. 쿠시카츠는 사각의 스테인리스 그릇에 담긴 소스를 찍어 먹는데, 입에 닿은 꼬치를 다시 소스통에 담그지 말라는 뜻이다. 소스를 두 번 찍으면 안 되는 쿠시카츠 에티켓을 다루마의 캐릭터가 강조하고 있는 셈. 대부분의 쿠시카츠 가게에서는 소스를 재사용한다. 이는 소스를 찍을 때 튀김에서 나오는 기름이 소스와 섞이면서 깊은 맛을 내기 때문. 세균 오염의 우려가 있으므로 반드시 한 번만 찍어 먹자. 일부 쿠시카츠 가게에서는 개인별로 소스를 담아주기도 한다.

지역별 쿠시카츠 차이점

간사이 지방 오사카에 쿠시카츠가 생기기 이전, 간토 지방에서도 이와 비슷한 음식이 존재했다고 한다. 돈카츠 가게에서 남은 돼지고기와 양파를 꼬치에 꽂아 튀긴 것으로 쿠시아게라고 불렀다. 간토 지방의 쿠시아게는 쿠시카츠보다 거친 빵가루를 사용하며, 소스를 함께 찍어 먹는 방식이 아닌 뿌려서 먹는 방식이다. 미소가 유명한 나고야에서는 간토 방식으로 튀긴 다음 도테야키(소의 힘줄을 미소 국물에 졸인 요리)를 졸인 미소에 담가주기도 한다.

쿠시카츠 맛있게 즐기기

❶ 인기 메뉴부터: 가장 인기 있는 쿠시카츠는 오리지널인 소고기, 돼지고기, 닭고기, 메추리알, 치즈 등이다. 다양한 재료를 사용한 쿠시카츠 메뉴판을 보고 무엇을 먹을지 고민이 된다면 우선 인기 순으로 주문한 뒤 취향에 따라 즐겨보자.

❷ 첫 번째는 듬뿍, 다음은 양배추로: 쿠시카츠 소스는 한 번만 찍어야 하기 때문에 처음부터 소스에 완전히 담가 찍어 먹는 것을 추천한다. 만약 소스를 더 찍어 먹고 싶다면 함께 나오는 양배추를 소스에 묻혀서 찍어 먹으면 된다.

❸ 하이볼과 찰떡 궁합: 쿠시카츠는 기름에 방금 튀긴 음식이기에 맥주나 하이볼처럼 탄산이 있어 느끼함을 잡아줄 수 있는 술과 함께 즐기면 좋다.

❹ 갓 튀긴 게 최고: 가끔 냉동 쿠시카츠를 팔기도 하는데 식은 쿠시카츠는 맛이 없다는 걸 명심하고 현지에서 갓 튀긴 쿠시카츠를 꼭 맛보자.

스시, 제대로 즐기기

something special

일본 여행에서 스시(寿司)를 빼놓을 수 없다. 우리가 흔히 부르는 '초밥'은 1940년대에 배합초를 섞은 밥 위에 생선을 올려 먹는다고 해서 이름 붙여졌다. 일본어 'すし'는 '맛이 시다'라는 뜻의 일본어 '酸し'를 그대로 가져온 것이라고 한다.

스시의 역사

스시의 역사는 메콩강 삼각주의 벼농사 지대에서 시작된다. 이 지역 농부들은 물고기를 소금과 쌀에 넣어 발효한 다음, 쌀은 버리고 발효된 생선 살만 먹었다고. 이런 조리 풍습을 지금은 '나레즈시'라고 부르는데, 일본에 처음으로 벼농사가 도입되던 시기에 함께 유입된 것으로 보고 있다. 대략 무로마치시대 전까지는 발효가 끝난 쌀을 전부 폐기했지만, 이후 귀중한 쌀을 생선과 함께 먹는 방법이 등장했다.

300년이 지난 후 에도(지금의 도쿄)는 수백만 명이 거주하는 도시로 번성했다. 이 시대의 요리사 중 기업가 정신이 살아 있던 이들이 일명 하야즈시라는 것을 개발했는데, 글자 그대로 풀이하면 '빠른 스시'다. 이 스시는 단촛물을 친 주먹밥에 달걀이나 날생선과 같은 다양한 재료를 얹어 함께 먹는 방식이었다. 이런 스타일의 스시가 일본 곳곳에서 대유행하며 전국으로 퍼져나갔다. 그러자 요리사들은 각 지역의 농수산물을 활용하여 완전히 새로운 종류의 스시를 개발하였다. 이 요리가 급속히 저변을 넓혀가고 일본의 다양한 지역에서 나름의 식사 방식이 합쳐지면서 현재 전 세계가 '스시'라고 알고 있는 요리가 탄생한 것이다. 스시의 종류는 지금도 나날이 늘어나고 있다.

간사이 지역의 스시

하코즈시: 오사카를 대표하는 스시로 숙성시킨 밥과 재료를 틀에 넣고 눌러서 만든다. 일명 '상자초밥'으로 불리며 숙성시킨 재료를 사용하는 덕분에 간장 등의 양념이 따로 필요 없다.

사바즈시: 교토의 전통 스시로 일명 '봉스시'라고도 불린다. 길고 좁은 상자에 숙성 고등어를 넣고 눌러 만들기 때문에 다른 스시에 비해 식감이 조금 딱딱하게 느껴질 수도 있다.

카키노하즈시: 나라의 명물 스시로 밥과 생선을 소금에 절인 감잎으로 싸서 숙성시킨다. 감잎은 보존 시 상하는 것을 막고 향을 더해준다. 감잎을 벗겨서 먹는 재미도 느낄 수 있다.

에도마에즈시: 일명 '니기리스시'로 우리가 흔히 알고 있는 밥 위에 생선을 올리는 형태다. 에도시대 때 스시를 빨리 만들기 위해 발효하는 대신 식초를 이용해 신맛을 냈고 와사비를 사용했으며, 누름 초밥이 아닌 손으로 쥐어서 만들기 시작했다.

스시 제대로 즐기는 방법

❶ 맨손으로: 스시는 손으로 먹는 것이 전통 방식이다. 손으로 집어서 먹을 때 재료의 풍미를 제대로 느낄 수 있고, 생선과 밥이 분리되어 간장에 빠질 염려도 적다.

❷ 간장은 생선에: 간장은 밥이 아닌 생선에 찍어 먹는다. 밥에 간장을 찍으면 밥알이 간장을 흡수해 지나치게 짜져 맛의 균형이 무너지거나 밥 모양이 흐트러질 수 있다. 간장은 적당량만 종지에 따라 추가하며 먹으면 된다.

❸ 간장과 와사비는 따로: 간장에 와사비를 넣으면 종지가 지저분해지고 와사비 양을 조절하기도 힘들다. 밥, 생선, 와사비, 간장의 비율을 고려하여 만들기 때문에 와사비를 많이 찍으면 본래의 맛을 느낄 수 없다.

❹ 담백한 생선부터: 스시는 맛이 담백한 흰살생선부터 시작해 붉은 생선, 등푸른생선순으로 먹어야 본래의 맛을 제대로 즐길 수 있다. 맛이 단 달걀초밥은 맨 마지막에 먹는 것이 좋다.

❺ 생선은 혀 위에, 한입에: 스시를 먹을 때는 혀에 생선이 닿도록 먹는 것이 정석이다. 끊어 먹지 말고 가급적 한입에 넣어 먹는 것이 좋다.

❻ 생강 절임과 녹차로 입가심: 초밥과 함께 나오는 생강 초절임은 입안을 정리해주는 역할로 스시 종류가 바뀔 때 활용하면 된다.

❼ 마지막은 장국으로: 일본 사람들은 스시를 먹고 나서 미소 장국을 먹는다. 그릇을 왼손으로 들어 입에 대고 마시는 것이 전통적인 방식이다. 건더기는 젓가락으로 건져 먹는다.

*회전 초밥 식당에서는 컨베이어 벨트에서 얼마든지 접시를 자유롭게 집어도 되지만, 한 번 잡은 접시를 도로 벨트 위에 내려놓으면 안 된다. 컨베이어 벨트가 돌아가는 식당에서 카운터 자리에 요리사를 앞두고 앉은 경우, 매대에서 접시를 선택하는 대신 요리사에게 직접 주문해도 된다.

오사카는 서서 마신다

something special

셰프 박찬일은 《오사카는 기꺼이 서서 마신다》(모비딕북스)에서 요리사이자 여행자의 시선으로 오사카 미식 세계를 생동감 넘치게 풀어냈다. 서서 술을 마시는 다양한 사람과 함께, 그리고 혼자서도 즐길 수 있는 타치노미의 매력에 빠져보자.

서서 마시는 타치노미

타치노미(立ち飲み)란 '서서 마신다'는 뜻으로 원래 주류 도매상이 가게 앞에서 술을 제공한 것이 시작이었다. 일반 술집처럼 의자나 테이블이 준비되어 있지 않은 것은, 도매점에서 잠깐 쉬는 김에 술을 한잔하던 것이 시초였기 때문. 퇴근 후 스트레스 해소와 친목 도모를 위해 가볍게 한잔하고 싶은 직장인들이 찾는 곳이 바로 '타치노미야(立ち飲みや)'다. 카운터 바 또는 아일랜드식 테이블을 중심으로 서서 마시는 술집이다.

타치노미야 트렌드

'왜 불편하게 서서 술을 마실까?' 하는 궁금증이 들 수도 있지만, 새로운 트렌드로 자리 잡아 카페와 고급 음식점으로까지도 확산되고 있다. 젊은 세대들이 과도한 음주를 지양하고, 코로나 팬데믹 이후 혼자서 가볍게 술을 마시고 귀가하는 것을 선호하기 때문이기도 하다. 타치노미야의 평균 체류 시간은 30분 정도로 기분 전환용으로는 제격이다. 가격이 저렴해 부담이 없고, 가게에 따라 특화 메뉴가 있어 골라 마시는 재미도 있다. 마니아들은 11월 11일을 '타치노미의 날'로 정해 타치노미 투어를 하기도 한다.

타치노미야 이용 에티켓

❶ **단체 불가:** 타치노미는 대부분 카운터에서 마시는 구조로 규모가 작다. 1~3명 정도로 방문하는 것이 좋다.
❷ **함께 쓰는 공간:** 다른 사람들을 위해 카운터나 통로에 짐을 두지 않는 것이 기본. 혼잡할 때는 비스듬히 서기가 필수다. 모두가 비스듬하게 서면 한두 명 정도 더 들어가는 것이 타치노미야의 마법이다.
❸ **소란스럽지 않게:** 여러 사람이 모이는 곳이지 나만의 공간이 아니다. 만남과 대화를 중요하게 생각하는 사람들을 위해 소란을 피우거나 방해하면 안 된다.
❹ **짧게 마시자:** 타치노미야에서 오래 머무는 것은 매너가 아니다. 더 마시고 싶다면 옆 사람과 의기투합해서 다른 가게로 옮기는 것이 에티켓.
❺ **피곤해도 서 있기:** 아무리 피곤하더라도 바닥에 앉는 것은 금지. 서서 마셔야 맛있는 타치노미야이기 때문이다.

타치노미야 추천

이나다 주점 稲田酒店

6-4 Naniwacho, Kita-ku, Osaka-shi
13:00~21:00(마지막 주문 20:30, 일요일 휴무)
+81-6-6371-0636
inadasaketen.com
@inadasaketen__official

타치노미 사이 立呑み 最

14-2 Nanbasennichimae, Chuo-ku, Osaka-shi
17:00~23:00, 주말 및 공휴일 16:00~23:00(연말연시 휴무)
+81-6-6631-3151

신타몬 주조 新多聞酒蔵

4-2 Tenjinbashi, Kita-ku, Osaka-shi
13:00~23:00(일요일 휴무)
+81-6-6882-5105

이자카야 토요 居酒屋とよ

3-2-26 Higashinodamachi, Miyakojima-ku, Osaka-shi
15:30~21:00, 토 14:30~20:00(월·목·일요일 휴무)
+81-6-6882-5768
@izakayatoyo

타네요시 種よし

15-13 Horikoshicho, Tennoji-ku, Osaka-shi
15:00~23:00(월·수 휴무)
+81-6-6779-2370
@taneyoshi.1

일본 3대 축제, 텐진 마츠리

something special

7월은 텐진 마츠리(天神祭)를 보기 위해 일본인은 물론 전 세계 여행자들이 오사카를 찾는다. 7월 24·25일 오사카텐만구를 중심으로 오카와강 등 인근에서 열린다. 도쿄의 간다 마츠리(神田祭), 교토의 기온 마츠리(祇園祭)와 함께 일본 3대 마츠리로 꼽힌다.

텐진 마츠리의 역사

텐진 마츠리는 헤이안시대 정치인인 스가와라 미치자네(菅原道真)의 억울함을 달래기 위해 시작되었다. 949년 당시 수도였던 오사카에 텐만구신사를 짓고, 951년 근처 오카와강에 나무로 만든 창(가미보코)을 떠내려 보내서 창이 도착한 곳에 제단을 쌓고 의식을 시행한 것이 유래다.

학문의 신, 스가와라 미치자네

헤이안시대 최고의 문장가이자 학자였던 스가와라 미치자네(845~903)는 일본 59대 덴노인 우다 덴노(867~ 931, 재위 887~897)의 총애를 받아 최고의 권세를 누렸다. 하지만 901년 후지와라 도키히라(藤原時平)의 모함으로 누명을 쓰고 좌천되었다. 스가와라 미치자네는 사망하기 일주일 전 밤낮으로 자신의 무죄를 기도해 '천만대자재천신(天満大自在天神)'이라는 칭호를 하사 받으며 천기를 주관하는 신이 되었다고 전해진다. 그가 사망하자 교토에 벼락을 동반한 우박이 내리고 , 오사카에서는 역병이 유행하는 등 재앙이 잇따랐다고 한다. 또한 정적 후지와라 도키히라가 요절하고, 당시 제위에 있던 다이고 덴노(재위 897~930)가 급사하자 억울하게 죽은 스가와라 미치자네의 혼령이 복수하는 것이라는 소문이 돌았다.

이에 그를 텐진(天神, 하늘의 신)으로 신격화하고, 그의 원혼을 달래기 위해 말년에 머물던 다자이후에 유해를 묻고 다자이후텐만구(太宰府天満宮)를 지었다. 이후 뛰어난 학자였던 그의 능력이 부각되며 지금은 '학문의 신'으로 추앙받게 되었다.

텐진 마츠리 주요 행사 순서

❶ **호코나가시신지:** 7월 24일 오전 8시 50분에 나무로 만든 가미보코를 오카와강의 호카나가시 다리에서 떠내려 보내는 의식이다. 매년 오사카 시립 니시텐만구 초등학교 6학년 남자아이 중 '신동(神童)'을 뽑고, 신동을 포함한 300여 명의 인원이 몸을 정결히 하는 의식을 치른 후 창을 떠내려 보낸다.

❷ **리쿠토교:** 7월 25일 오후 3시 30분, 신을 모신 가마를 육로로 운반하는 리쿠토교(陸度御)가 열린다. 신령을 배에 태우는 승선장까지 약 4km를 이동하는 행사다. 헤이안시대 귀족들이 입던 화려한 의상을 입은 3,000여 명의 인원이 힘찬 구령을 외치며, 맨 앞에는 도요토미 히데요시가 하사한 큰 북 모요오시다이코(催太鼓)가 자리한다.

❸ **후나토교:** 7월 25일 저녁 6시 이후, 신령을 모신 가마를 배에 태워 오카와강을 거슬러 올라가는 후나토교(船渡御)가 진행된다. 스가와라 미치자네를 모신 고호렌을 안치시킨 배, 북을 치거나 음악을 연주하며 신을 참배하는 배, 신을 모시는 인형을 장식한 배, 시민들이 타고 참배하는 배까지 네 종류의 배로 분류된다.

❹ **하나비:** 후나토교가 끝나면 저녁 7시 30분부터는 강가에서 불꽃놀이인 하나비(花火)를 진행하고 마츠리는 끝난다.

사전 행사, 텐진 갸루 미코시

24일 전날에는 텐진 마츠리의 특별한 행사인 '텐진 갸루 미코시(天神祭ギャルみこし)'가 열린다. 남자들만 무거운 미코시를 끌 수 있다는 편견을 깨트리기 위해 시작된 행사로 200kg이 넘는 무거운 미코시를 들고도 여성 참가자들은 미소를 잃지 않는다. 독특한 메이크업과 헤어스타일도 눈길을 끈다.

텐진 마츠리 어떻게 찾아갈까?

텐진 마츠리는 오사카텐만구와 오카와강 주변에서 열리기 때문에 지하철 타니마치선 텐마바시역 또는 사카이스지선 미나미모리마치역을 이용하면 좋다. 마츠리 당일은 매우 혼잡하지만 볼거리가 풍성하기 때문에 꼭 참여해보기를 추천한다.

📍 2-1-8 Tenjinbashi, Kita-ku, Osaka-si

오사카에서 만나는 오마카세

something special

오마카세(お任せ)는 '남에게 모두 맡긴다'는 뜻의 일본어로, 외식업계에서 손님이 주방장에게 대접 받을 메뉴의 종류와 요리 방식을 맡기는 일명 '주방 특선' 요리다. 원래 일본 스시 전문점에서 통용되던 '셰프 추천 메뉴'가 그 시초이며 셰프가 엄선한 식재료를 사용해 자신만의 창의적인 레시피로 메뉴를 선보인다.

오마카세 이용 팁

못 먹는 재료는 이야기하자: 보통 코스 시작 전에 셰프가 못 먹는 식재료에 대해서 물어본다. 혹시 셰프가 깜빡했다면 미리 이야기하자. 가능한 선에서 다른 재료로 대체하여 제공해준다.

바로 먹자: 스시는 만들고 나서 10~15초 안에 먹는 것이 가장 좋다. 오마카세에서는 가장 맛있는 샤리(밥)의 온도를 고려하여 바로 먹을 수 있도록 한 피스씩 제공한다. 사진이나 영상을 찍고 싶다면 재빨리 찍고, 플레이트에 스시가 쌓이는 일은 없도록 하자.

제대로 먹자: 오마카세에서 스시는 손님을 위해서 만드는 하나의 작품이다. 그러므로 스시의 형태를 오롯이 유지하여 먹는 것이 예의다. 젓가락을 사용할 경우 몸통이 아닌 밥의 가장 밑부분을 받친다는 느낌으로 들어 올리면 스시가 부서지는 일이 없다. 손으로 먹을 경우 물수건을 사용해 손을 닦은 다음 먹으면 된다.

앵콜 스시: 오마카세의 코스는 한 끼 식사량에 부족함 없이 구성된다. 하지만 자신의 양에 조금 부족하게 느껴지거나 한 번 더 먹고 싶은 스시가 있다면 정규 코스 이후에 요청하자. 이는 물론 무료 서비스가 아니므로 추가금을 지불해야 한다. 간혹 셰프가 먼저 부족하지는 않은지, 더 먹고 싶은 건 없는지 물어보고 추가 금액 없이 서비스로 제공되기도 한다.

오마카세 이용 에티켓

정시 도착 필수, 노쇼 금지: 오마카세는 동시간에 여러 팀이 진행되므로 예약 시간에 늦을 경우 제대로 된 서비스가 제공되기 힘들다. 셰프에 대한 예의는 물론 다른 손님께 민폐를 끼치지 않기 위해 정시 도착은 필수다. 또 예약제로 미리 재료를 준비하기 때문에 노쇼를 하게 되면 재료는 모두 버려진다. 만약 피치 못할 사정으로 방문할 수 없게 된다면 최소 하루 전에 연락하자.

촬영 전 양해 구하기: 사진 및 동영상 촬영은 대부분 허용되지만 코스 시작 전 셰프에게 촬영을 해도 괜찮은지 물어보는 것이 좋다.

담배, 향수 자제하기: 스시는 식재료의 맛과 향에 민감한 요리이기 때문에 오마카세 이용 전 향수 사용이나 담배는 자제하는 것이 좋다. 셰프에 대한 예의이자 다른 손님에 대한 배려이다.

오사카 추천 오마카세

하세가와 신사이바시본점
はせ川 心斎橋本店

1-16-20 Higashishinsaibashi, Chuo-ku, Osaka-shi
17:00~23:00(비정기 휴무) +81-6-6120-1600
예약 가능 신용카드 가능 sushi-hasegawa.com

스시 하야타 鮨 はや田

2-6-4 Fushimimachi, Chuo-ku, Osaka-shi
11:15~14:00·17:00~23:00(주말 휴무) +81-6-4300-3123 예약 가능 신용카드 가능
sushihayata.jp

스시 사카우 鮨処 さか卯

1-2-33, Dojima, Kita-ku, Osaka-shi
11:30~13:30·17:00~21:30(일요일 휴무)
+81-6-6341-2381 예약 가능 신용카드 가능
kagaman.co.jp

스시 후지야마 寿司 藤やま

4-2-3, Hiranomachi, , Chuo-ku, Osaka-shi(Obic Midosuji Building 1F) 12:00~14:30·17:00~22:00 (월요일 휴무) +81-6-4708-3606 예약 가능
신용카드 가능 @sushi__fujiyama

스시 오오가 鮨 おおが

1-2-7 Ochohigashi, Sakai-ku, Sakai-shi
12:00~14:00·18:00~23:00 +81-7-2221-1818
완전 예약제 신용카드 가능

스시 야스케 弥助

1-1-18 Ochohigashi, Sakai-ku, Sakai-shi
12:00~13:30·17:30~20:00(목요일 휴무) +81-7-2221-3355 예약 가능(1인 불가) 신용카드 가능

스시도코로 타다 鮨処 多田

4F, 1-5-26 Sonezakishinchi, Kita-ku, Osaka-shi
18:00~다음날 4:00(일요일 휴무) +81-6-6346-7227
완전 예약제 신용카드 가능

오사카에서만 즐기는 특별한 투어

something special

더욱 색다른 오사카 여행을 즐기고 싶다면 투어 프로그램을 이용해보자. 현지 문화를 직접 체험할 수 있는 투어부터 오사카의 면면을 알 수 있는 클래스까지. 오사카에서의 특별한 재미와 경험을 놓치지 말자.

고카트 라이드 Go-Kart Ride

도쿄에서 인기를 끌던 고카트 라이드를 오사카에서도 이용할 수 있다. 1시간 또는 3시간 코스를 선택할 수 있으며 도톤보리, 오사카성, 난바 등 주요 여행지를 지난다. 무엇보다 좋아하는 캐릭터의 옷을 입고 드라이브를 즐길 수 있으며, 지나가는 사람들의 스포트라이트를 받을 수 있어 특별하다. 자동변속기 사양으로 시속 60km까지 드라이브가 가능하며 국제운전면허증이 필요하다.

오사카 호핑 투어 Osaka Bar Hopping

오사카에 왔다면 술과 함께하는 밤을 놓쳐서는 안 된다. 활기찬 오사카의 밤 문화를 조금 더 가까이 체험하고 싶다면 호핑 투어를 이용해보자. 가이드의 안내에 따라 현지인들이 식사하고 술 마시는 난바의 일본식 이자카야 3, 4곳을 방문한다. 3시간 정도 진행되며 지역 맥주와 사케, 쿠시카츠, 오사카 전통 음식 등이 포함되어 있다. 취향에 따라 추가 주문도 가능하다. 친절한 현지인들과 함께 술잔을 기울이며 좋은 추억이 될 것이다.

오사카 미식 투어 Osaka Food & Drink Tour

오사카의 부엌이라 불리는 쿠로몬시장과 오사카의 관광 중심지인 도톤보리 등에서 '쿠이다오레'의 진짜 재미를 경험할 수 있다. 타코야키를 비롯해 야키토리, 스키야키 등 다양한 음식과 디저트를 맛볼 수 있다. 프로그램에 따라 3~5시간 정도 소요되며 음료와 음식, 디저트 비용이 모두 포함되어 있다. 워킹 투어이기 때문에 편한 신발을 신고 가는 것이 좋다.

오사카 요리 클래스 Cook Osaka's Local Dishes

오사카의 음식을 사 먹는 것을 넘어 직접 만들어보고 싶다면 요리 클래스에 참여해보자. 오코노미야키, 타코야키, 스시, 라멘 등 오사카 전통 요리를 비롯해 일본의 다양한 요리 수업을 진행한다. 음식 문화에 대해 배우고 만든 것을 직접 맛보는 재미는 물론이고, 요리 교실만의 독특한 레시피도 얻을 수 있다.

오사카 자전거 투어 Osaka Bike Tour

오사카를 여행하려면 주로 지하철을 이용할 거라고 생각하기 쉽지만, 자전거로 둘러봤을 때 더 좋은 곳이 있다. 대표적인 곳이 바로 오사카성. 오사카 자전거 투어는 가이드와 함께 오사카성과 그 주변 신사, 박물관, 상가를 둘러보는 투어다. 에도시대에 오사카 사람들이 어떻게 살았고 도시가 어떻게 발전했는지 볼 수 있으며, 오사카의 소울푸드인 오코노미야키도 맛볼 수 있다. 오사카성과 오사카 공원은 규모가 크기 때문에 자전거로 이동하면 체력을 아낄 수 있다. 오사카성 투어 후에는 카페에 방문해 차와 간식을 먹을 수 있어 하루를 알차게 보낼 수 있다.

다도 체험 Tea Ceremony Experience

일본의 다도는 일본인의 생활 속에 깊이 스며 있는 전통 문화다. 손님을 위해 마실 것을 준비하는 주인장의 정성과 마음가짐이 담겨 있으며, 차를 받는 손님은 이를 정중히 받아들이고 감상하는 형태다. 본래는 손님과 주인 모두 기모노를 입어야 하지만 여행자 체험 프로그램에서는 반드시 기모노를 입을 필요까진 없다. 다도란 기본 순서와 예법이 중요한데, 대부분의 다도 체험은 시간을 단축하여 진행하고 여행자가 마음 편히 즐길 수 있다. 다도의 주요 목적은 주인과 손님 간의 유대감을 높이고 바쁜 일상 속에서 마음의 평화를 얻는 것이다. 사소한 실수에 대한 부담은 내려두고 진정한 다도의 즐거움을 느껴보자.

- 클룩 klook.com
- 매지컬트립 magical-trip.com
- 에어키친 airkitchen.me
- 마이 리얼 트립 myrealtrip.com
- 재팬 원더 트래블 japanwondertravel.com
- 마이코야 mai-ko.com/culture/tea-ceremony

something special

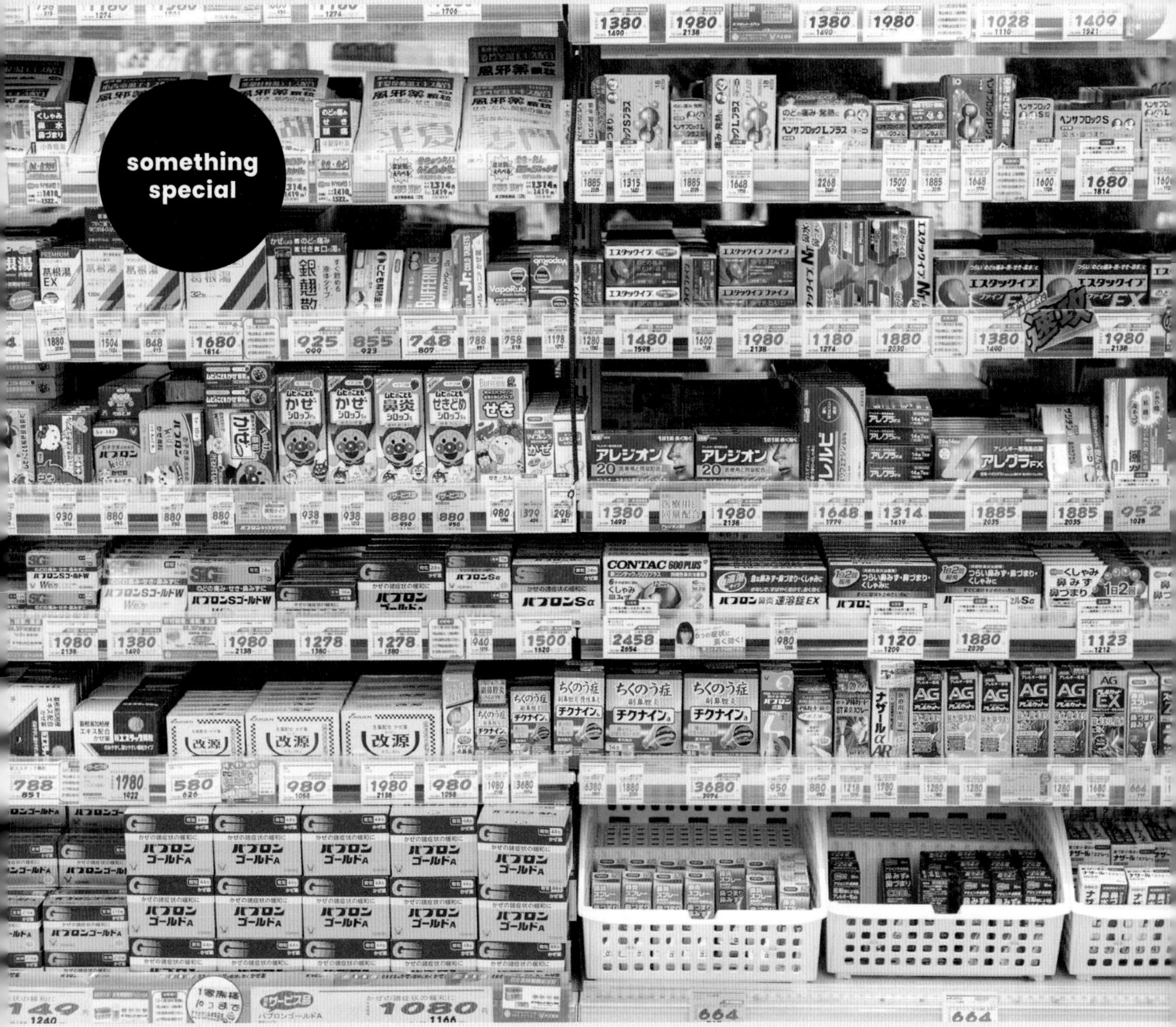

알뜰한 쇼핑 팁! 면세 제도를 이용하자

일본에서는 물품 가격에 일정률로 부과하는 간접세의 일종인 소비세가 적용된다. 2019년 10월 1일부터는 10%의 소비세(일부 8%)를 부과하고 있다.

외국인 여행자를 위한 면세 제도

일본을 방문한 외국인 여행자를 대상으로 판매하는 물품의 소비세를 면제하는 제도다. 구입처 별로 면세 여부와 구매 금액별로 면세 적용 금액 등에 차이가 있으니 미리 알아두면 좋다. 쇼핑몰, 백화점, 가전제품 판매점, 드럭스토어 등 면세 수속이 가능한 매장에는 '택스 프리(Tax Free)' 마크가 붙어 있다.

면세 적용 조건

면세 제도는 일본 입국 6개월 미만의 단기 체류 외국인 여행자를 대상으로 한다. 여권에 입국일 스탬프가 찍히지 않은 경우, 입국 후 6개월이 지난 경우, 일본에서 일을 하고 있는 경우, 구입 금액 등의 조건이 충족되지 않으면 면세를 받을 수 없다. 면세는 구매 당일 영업 시간 내에 수속을 마쳐야 한다. 구매 후 다음 날 여권을 지참한다고 해서 면세를 받을 순 없다. 여권과 여권 명의자의 카드를 반드시 함께 챙겨 다니자.

면세 물품 종류와 범위

일반 물품: 신발, 가방, 보석류, 공예품, 골프 용품, 의류, 가전제품 등 일반 물품의 면세 구매 금액은 동일 매장 내 1일 총 구매 금액 5,000엔 이상(세금 별도)이다. 입국일로부터 6개월 이내에 일본에서 반출해야 한다.
소모품: 화장품, 식품류, 음료, 건강식품, 담배 등. 면세 구매 금액은 동일 매장 내 1일 총 구매 금액 5,000~500,000엔 이하(세금 별도)이며, 구매 후 30일 이내에 일본에서 반출해야 한다.
일반 물품과 소모품의 합산 구매액은 면세 대상에 포함되지 않는다. 일반 물품은 일반 물품끼리, 소모품은 소모품끼리 5,000엔 이상이 되어야 한다. 또한, 각 물품은 동일 매장에서 구매해야 한다. 일반 물품을 A 상점, B 상점에서 따로 구매한 후 합산하여 면세 혜택을 받을 수 없다.

면세를 받기 위한 과정

면세를 받기 위해서는 일반 물품 또는 소모품의 합산 금액이 총 5,000엔 이상(세금 제외)이 되어야 한다. 면세 물품을 구매한 후 구매한 상품, 면세용 영수증, 본인 여권(입국 스탬프 필수), 결제 신용카드를 지참하여 면세 카운터에 방문하자. 이때 카드, 영수증, 여권의 명의가 동일해야만 면세를 받을 수 있다. 본인 확인이 끝나면 계약서에 서명한 후 차액을 현금으로 환급 받고, 구매 상품을 지정 봉투로 밀봉한다. 밀봉된 상품은 출국할 때까지 훼손하지 않고 잘 보관하여야 한다. 면세 적용을 받고 구매 봉투에 밀봉한 후 100ml 이상의 액체류가 동봉된 것을 알았다면 이를 기내에 반입할 수 없고 위탁 수하물로 처리해야 한다. 면세 물품을 기내에 반입할 예정이라면 100ml 이상의 액체류는 나누어 동봉해야 한다. 출국 시 여권에 부착된 구매 기록표를 제시하므로 여권에 부착된 구매 기록표도 훼손되지 않도록 주의한다.
일부 드럭스토어에서는 별도 면세 카운터 방문 없이 계산대에서 바로 면제 절차를 진행한다. 간혹 면세 수수료를 부과하는 매장도 있다. 10%에 해당하는 환급금이 아니라면 면세 수수료를 부과한 것이니 참고하자.

택스 프리 vs 듀티 프리

택스 프리(Tax Free): 소비자 면세로서, 소비세가 포함된 금액으로 물건을 구매한 외국인이 면세 환급 절차를 거쳐 소비세를 환급 받는 경우를 의미한다. 주로 일본 시내 면세점을 통해 면세 환급을 받는 경우에 적용된다.
듀티 프리(Duty Free): 관세 면세로서, 해외로 출국하는 내국인과 외국인이 구매하는 물건에 관세를 붙이지 않고 판매하는 경우를 의미한다. 택스 프리가 소비세만 면제된다면 듀티 프리는 소비세 외에 주세, 담뱃세, 관세 등 모든 세금이 면제되는 것이므로 더 큰 개념이며 보다 저렴한 가격으로 물건을 구매할 수 있다. 주로 국제공항, 여객선 터미널 등에서 운영하는 면세점에 적용된다.

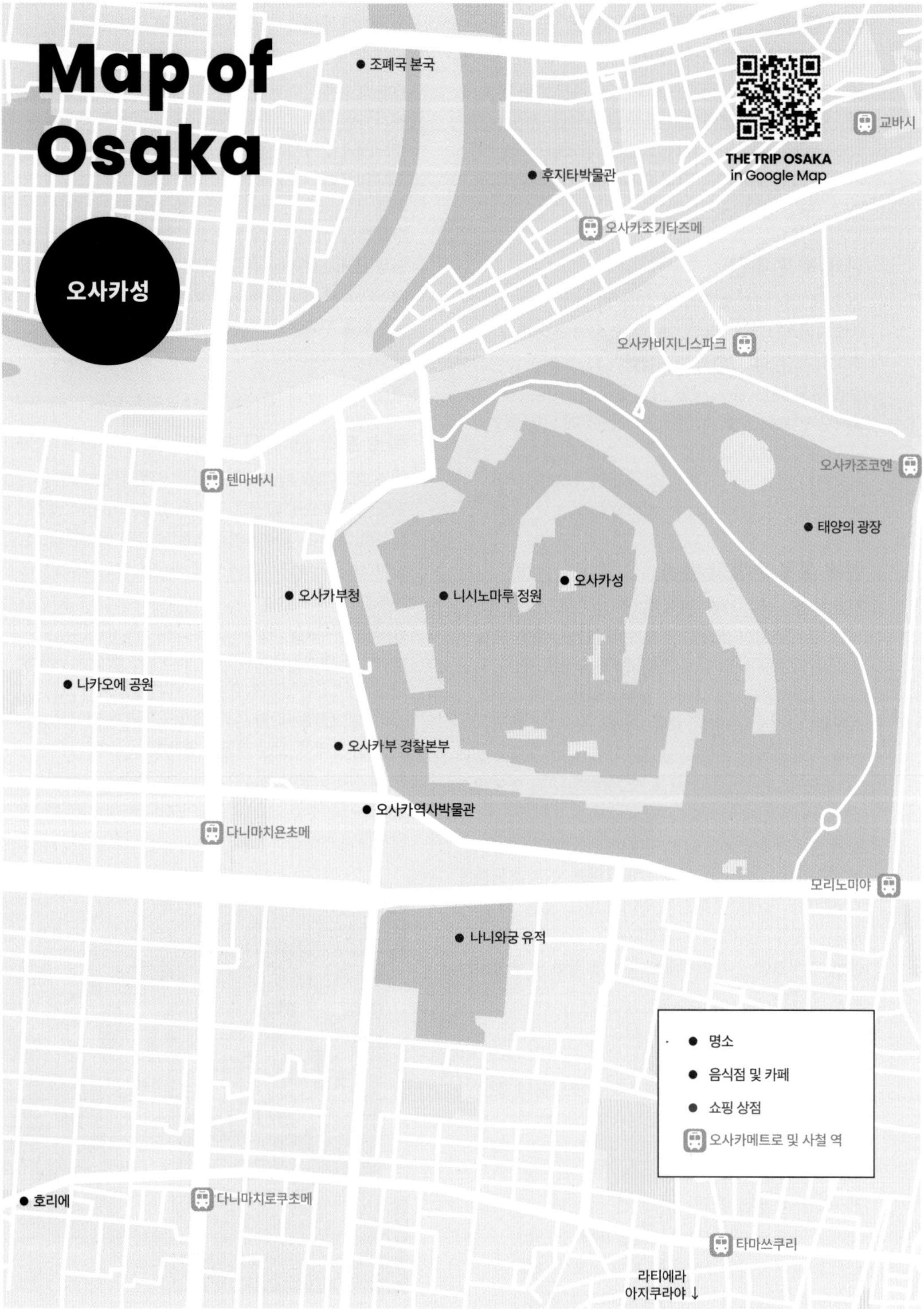
Map of
Osaka
오사카성
조폐국 본국
후지타박물관
오사카조기타즈메
THE TRIP OSAKA
in Google Map
교바시
오사카비지니스파크
텐마바시
오사카조코엔
태양의 광장
오사카성
오사카부청
니시노마루 정원
나카오에 공원
오사카부 경찰본부
오사카역사박물관
다니마치욘초메
모리노미야
나니와궁 유적
명소
음식점 및 카페
쇼핑 상점
오사카메트로 및 사철 역
호리에
다니마치로쿠초메
타마쓰쿠리
라티에라
아지쿠라야 ↓

미나미
혼마치
사카이스지혼마치
어반 리서치 도어스
츠루미료쿠치 공원→
오릭스 극장
미나미센바
니시오하시
도큐핸즈 신사이바시점
신사이바시
나가호리바시
요츠바시
히마와리
아메리카무라
나니와소바
호리에
다이마루백화점
애플스토어
요롯파도리
플라잉 타이거 코펜하겐
더 굿랜드 마켓
미도스지
파블로
하세가와
신사이바시스지 상점가
릴로커피 킷사
우마이야
사카에시
마츠모토키요시 선드러그
앗치치혼포
톤보리 리버크루즈
에비스 타워
돈키호테
아지노야
도톤보리
이마이
다루마
JR난바
이치비리안
이치바리안 도톤보리
겐로쿠스시
호젠지 요코초
사카마치노텐동
오사카난바
난바
마루후쿠커피
지유켄
릴로커피
닛폰바시
탈리스 커피
국립 분라쿠 극장
까눌레 드 자퐁
센니치마에
쿠로몬시장
리쿠로오지상노미세
로프트 난바점
무인양품 무지
타코야키도라쿠 와나카
그랜드 카게츠 극장
디자인 포켓
다카시야마백화점
난바시티
도구야스지
타치노미 사이
난카이난바
난바파크스
프랑프랑
무인양품 무지
이치미젠
덴덴타운

키타
↑만박기념공원
아사히 맥주공장
↑천연온천 나니와노유
나가쓰
나가쓰
덴진바시스지로쿠초메
오사카주택박물관
한큐 카파 요코초
블루보틀
우메다 예술극장
누 차야마치
우메다 로프트
오사카피
텐진바시스지 상점가
하루코마 본점
나카자키초
나카자키초
이나다 주점
치구사 오코노미야키
산타몬 주조
하루코마 본점
한큐3번가
한큐 우메다
돈키호테 우메다 본점
나카자키초
우메다 스카이빌딩
우메다
혼미야케
오기마치 공원
그랑프론트 오사카
오사카
스기 드럭스토어
헵파이브
오기마치(오사카)
오사카 비지터스 인포메이션 센터 우메다
루쿠아
링고
츠타야쇼텐
한큐백화점
화이티 우메다
이자카야 토요 →
에키 마르쉐
도큐핸즈 우메다점
다이마루백화점
비오톱
한신 우메다
한신 우메다
카메스시
히가시우메다
니시우메다
츠유노텐 신사
기타신치
스시도코로 타다
오사카텐만구
후쿠시마
에페
미나미모리마치
스시 사카우
만료
오사카텐만구
산쿠
나카시노마 리버크루즈
와타나베바시
오에바시
코바토빵 공장 →
글리치커피 오사카
오사카시립동양도자기박물관
나니와바시
키타하마 레트로
옥시모론 키타하마
요도야바시
모토커피
나카노시마
장미공원
노스 쇼어 카페 앤드 다이닝
국립국제미술관
히고바시
브루클린 로스팅 컴퍼니
오사카시립과학관
미즈호 은행 오사카점
기타하마
나카노시마
카카오티에 고칸
스시 하야타
유키미술관
스시 후지야마
오사카과학기술관
우츠보 공원
소비노와 ↓

텐노지
에비스초
신세카이
시텐노지
츠텐카쿠
다루마
텐노지 공원
텐노지 동물원
스파월드 세계대온천
잔잔 요코초
야에카츠
오사카시티박물관
이나오 공원
도부쓰엔마에
데라다초
텐노지
텐노지 미오
한카이 전차
킨테츠 백화점
아베노하루카스
오사카아베노바시
아베노 큐즈몰
잇신도
돈카츠 만제 ↘
나가이 식물원
오사카시립자연사박물관 ↓
스미요시타이샤 ↓
로프트 아베노점

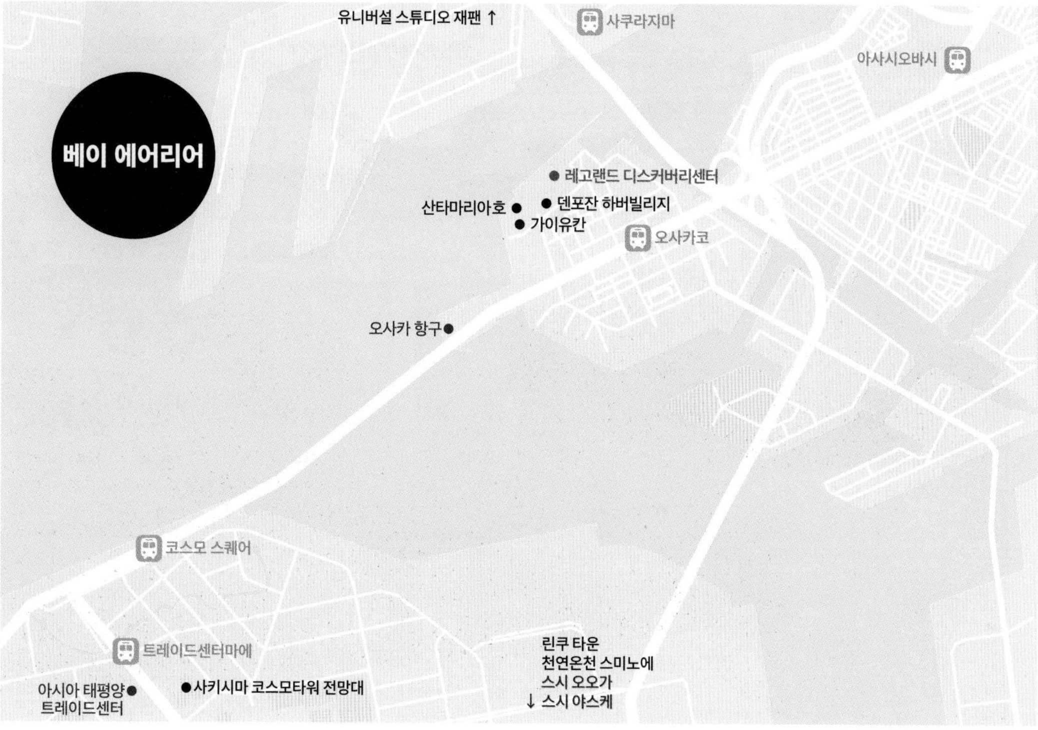
유니버설 스튜디오 재팬 ↑
사쿠라지마
아사시오바시
베이 에어리어
레고랜드 디스커버리센터
산타마리아호
덴포잔 하버빌리지
가이유칸
오사카코
오사카 항구
코스모 스퀘어
트레이드센터마에
아시아 태평양 트레이드센터
사키시마 코스모타워 전망대
린쿠 타운
천연온천 스미노에
스시 오오가
↓ 스시 야스케

Best Attraction

오사카 여행이 처음이라면

오사카에서 반드시 가야 할 여행지를 꼽는 것만큼 어려운 일도 없다. 유네스코 세계문화유산부터 오사카의 화려한 밤을 느끼는 상점 거리, 전통 문화를 경험할 수 있는 박물관까지. 오사카 여행이 처음인 이들을 위한 여행지를 꼽아보았다.

일본 역사 그 자체

오사카성 Osaka Castle

1-1 Osakajo, Chuo-ku, Osaka-shi
osakacastle.net
@osakacastle_PR

오사카성(大阪城)은 수백 년 전 전란의 시대부터 태평양전쟁을 거쳐 근현대에 이르기까지 흥망성쇠를 거듭하며, 오사카의 상징을 넘어 오사카의 역사 그 자체가 된 곳이다. 구마모토성, 나고야성, 히메지성 등 일본을 대표하는 여러 성 중에서도 가장 잘 알려져 있고, 오사카를 찾은 여행객들은 꼭 들르는 명소다. 거대한 성벽과 해자, 숲으로 가득한 약 1km^{2}의 부지 가운데 우뚝 솟은 천수각(天守閣)은 빌딩 숲 사이에서도 한눈에 들어올 정도로 독특하고 화려한 외관을 자랑한다. 현재의 천수각은 철근콘크리트 건물로 1931년 전면 재건된 것이다. 외부는 고증에 따라 옛 모습으로 설계되었으며, 내부는 오사카성의 자료가 전시되어 있는 박물관으로 활용되고 있다. 1~8층으로 구성된 박물관에는 옛 갑옷과 무기, 병풍 등 다양한 문화재와 도요토미 시대의 오사카성 미니어처, 영상자료가 전시되어 있다. 천수각 정상에 있는 50m 높이의 전망대에 오르면 오사카의 전경이 시원하게 펼쳐진다. 오사카성을 관람하는 루트는 정해진 것이 없으므로 일정에 따라 편하게 관람하면 되지만, 서쪽의 오테몬으로 들어서서 혼마루의 정문인 사쿠라몬을 통과해 천수각으로 가는 루트를 추천한다. 거대한 호수 같은 외부 해자와 물이 없는 내부 해자인 카라호리, 망루 야구라, 호코쿠신사, 130톤짜리 거석 타코이시, 구 오사카 시립박물관, 타임캡슐 등을 차례대로 볼 수 있다. 일정에 여유가 있다면 니시노마루 정원(입장료 200엔)에도 들러 넓은 잔디밭에서 흐드러지는 벚꽃을 즐겨도 좋다.
오사카성이 있기 전 이곳에는 '이시야마혼간지(石山本願寺)'라는 사원이 세력을 떨치고 있었다. 전국 통일을 꿈꾸던 오다 노부나가가 혼간지를 굴복시켰고, 오다 노부나가 사후 도요토미 히데요시가 혼간지

54
大坂夏の陣図屏風に
描かれた武将たち

터에 오사카성을 구축하기 시작했다. 전국시대의 축성 기술이 모두 동원되어 난공불락의 요새로 지어진 오사카성은 도쿠가와 이에야스가 세력을 잡으면서 새롭게 태어난다. 도요토미 시대의 성벽과 해자는 파괴되고 천수각도 옮겨지는데 당시의 흔적은 1959년이 되어서야 발견된다(현재도 오사카성 혼마루 지하에는 도요토미 시대의 석벽이 묻혀 있다). 이후에도 숱한 화재와 전쟁을 겪은 오사카성은 태평양전쟁 시기 군사시설로 사용되기도 했으며, 지금은 국가 사적지와 도시 공원으로 정비되어 많은 일본인들의 사랑을 받고 있다.

INFO.

9:00~17:00(입장 마감 16:30, 벚꽃철 및 골든위크에는 연장)

성인 600엔, 중학생 이하 무료
*주유패스 소지 시 무료

오사카메트로 타니마치선·츄오선 타니마치욘초메역 1-B 출구로 나와 오사카성 공원 서남부까지 도보 5분 / 오사카메트로 타니마치선 텐마바시역 3번 출구 왼쪽 20m 직진 후 좌회전 오사카성 공원 서북부까지 도보 5분 / 오사카메트로 츄오선·나가호리츠루미료쿠치선·JR 칸조선 모리노미야역 3B 출구에서 오사카성 공원 동남부까지 도보 5분 / JR 칸조선 오사카조코엔역에서 오사카성 동북부까지 도보 5분

osakacastle.net

TIP.

❶ 천수각 내부에는 다양한 전시시설이 있지만 특히 3층의 황금다실 실제 크기 모형(촬영 불가), 5층의 '오사카 여름전투(大阪夏の陣)' 병풍과 미니어처, 8층의 스테레오스코프 '나니와 풍경'이 볼만하다.
❷ 오사카성에는 예쁜 인증숏을 찍을 수 있는 곳이 많다. 혼마루 남쪽 모서리에 있는 일본정원(日本庭園)과 천수각 북쪽의 고쿠라쿠바시(極楽橋)에 가면 물에 비친 천수각 풍경이 일품이다.
❸ 오사카 주유패스 소지 시 천수각, 니시노마루 정원, 오사카성 고자부네 놀잇배가 무료다. 오사카성 고자부네 놀잇배는 10~15분 간격으로 출항하며 예약 없이 당일 현장 판매 방식이다. 고쿠라쿠바시 옆에서 승선한다(동계 및 악천후시 운휴할 수 있음).
❹ 드넓은 공원을 걸어서 이동하기 힘들다면 로드트레인(중학생 이상 400엔)과 전기차(중학생 이상 300엔)를 이용하자. 로드트레인은 모리노미야역과 오사카조코엔역 방면에서 고쿠라쿠바시 일대를, 전기차는 공원 남쪽 지역을 순회한다.
❺ 음식점과 카페는 천수각 근처의 미라이자 오사카성(ミライザ大阪城)과 오사카조코엔역 앞의 조테라스 오사카(JO-TERRACE OSAKA)에 모여 있다.

窓から夢を SINCE 1930
SUPER
"DRY"
"DRY"
Asahi
生
スーパードライ
ASAHI since 1889 OSAKA
居楽屋
7F 個室肉割烹
完全個室居酒屋
白木屋
ハンバーグレストラン
びっくりドンキー
かに道楽
本場の味 かに道楽
TSUTAYA
スーパー
ミリオンヘアー
SUPER MILLION HAIR
0120-494-1
ピップ
Mar. 27. 2023
FANCL
雪印メグミルク
6pチーズ
ハイ!チーズ
明日も、元気

화려한 네온사인, 잠들지 않는 오사카

도톤보리 Dotonbori

1 Dotonbori, Chuo-ku, Osaka-shi
dotonbori.or.jp

도톤보리(道頓堀)는 에도시대 상인이었던 야스이 도톤(安井道頓)이 사재를 털어 세운 운하로 1615년 완공됐다. 오사카시가 확장되고 강 주변에 대형 극장들이 들어서면서 오사카를 대표하는 번화가가 되었다. 시간이 지나고 극장들은 사라졌지만, 현재는 먹거리와 다양한 간판 등으로 엄청난 유명세를 떨치고 있다.

도톤보리강의 남쪽 방면에는 카니도라쿠, 킨류라멘 등 유명 음식점과 이자카야가 자리 잡고 있다. 움직이는 게, 문어, 소 모양의 입체 간판 등 셀 수도 없이 많은 종류의 간판에 눈이 즐겁다 못해 어지러울 정도다. 도톤보리는 '쿠이다오레(食い倒れ, 먹다가 쓰러지다)', '천하의 부엌'으로 유명한 오사카의 대표 먹자골목답게 어느 음식점에 들어가도 실패할 확률이 적다. 도톤보리강 북쪽의 소에몬초 거리는 고급 바나 클럽 같은 유흥 시설이 많다.

도톤보리강의 여러 다리 중 가장 유명한 에비스바시 다리는 관광객과 호객꾼, 즉석 만남을 원하는 남녀로 언제나 붐빈다. 이곳에서는 특히 오사카의 상징이라 할 수 있는 '글리코 사인(グリコサイン)' 간판이 잘 보이기 때문에 사진을 찍는 인파까지 몰려 늘 혼잡하다. 다리 아래로 길게 이어져 있는 톤보리 리버워크 산책로에서는 강변 이벤트나 톤보리 리버크루즈 등을 바로 앞에서 감상할 수 있다. 다른 거리보다 인적이 드문 편이라 조용한 곳을 원한다면 가볼 만하다.

INFO.

오사카메트로 미도스지선·요츠바시선·센니치마에선 난바역, 킨테츠 오사카난바역 14번 출구에서 도보 3분 / 오사카메트로 사카이스지선·센니치마에선 닛폰바시역 2번 출구에서 도보 5분

TIP.

오사카에서 가장 많은 관광객이 오가는 거리이므로 어린 자녀와 함께 방문한다면 안전에 유의하자. 특히 심야에 혼자 다니지 않을 것을 권장한다. 강물이 굉장히 더럽고 깊기 때문에 빠지지 않도록 조심해야 한다.

plus spot

톤보리 리버크루즈

톤보리 리버크루즈(とんぼりリバークルーズ)는 미니 크루즈를 타고 도톤보리강 일대를 둘러보는 코스다. 돈키호테 에비스타워 앞에서 출발하여 미나토마치 리버 플레이스가 있는 우키니와바시까지 가서 유턴, 반대 방향으로 닛폰바시에 돌아온다. 가이드 승무원이 영어와 일본어로 설명하며 중요 포인트에서는 간단한 한국어 설명도 진행한다. 뱃놀이의 즐거움은 물론 다리 밑을 지날 때 머리가 닿을 듯한 짜릿함도 경험할 수 있다. 특히 밤에는 도톤보리의 화려한 네온사인 풍광을 감상할 수 있다.
돈키오테 도톤보리점 바로 앞과 선착장 매표소에서 당일 승선권 발권만 가능하다. 일몰과 야경 피크 타임에 크루즈를 즐기고 싶다면 매표소 오픈 시간인 10시에 먼저 발권을 하고 이후 일정을 소화하기를 추천한다. 매시 정각과 30분에 출항하며 피크 타임에는 10~15분 간격으로 운항한다. 주유패스 소지 시 무료로 승선할 수 있지만 매표소에 여권을 제시한 후 승선권으로 바꿔야 한다. 또한 지정석이 아니기 때문에 예약 시간보다 10~20분 먼저 도착해 기다렸다 승선하는 것이 좋다.

7 Souemoncho, Chuo-ku, Osaka-shi
성인 1,200엔, 학생 800엔, 어린이 400엔(5세 미만은 안고 타는 경우 성인 1명당 유아 1명 무료) *주유패스 소지 시 무료 13:00~21:00, 주말 및 성수기 11:00~21:00 ipponmatsu.co.jp
@ipponmatsu0531

plus spot

도톤보리의 먹을거리

카니망

게살이 듬뿍 들어간 따끈한 만두 '카니망'. 에비스바시 바로 옆 대형 게 간판으로 유명한 카니도라쿠 도톤보리본점에서만 맛볼 수 있는 한정 메뉴다. 함께 제공되는 마요네즈를 뿌려 먹으면 그 맛이 더욱 살아난다. 가격은 500엔. 시원한 것이 생각나는 계절이라면 게살 가득한 '카니아이스'도 추천.

카니도라쿠 도톤보리본점
Kani Doraku Dotonbori Honten
かに道楽 道頓堀本店

1-6-18, Dotonbori, Chuo-ku, Osaka-shi +81-6-6211-8975
11:30부터, 매진 시 판매 종료
예약 불가 신용카드 가능
douraku.co.jp
@kani_douraku

10엔빵

경주의 명물 '10원빵'이 일본으로 건너와 '10엔빵'으로 다시 태어났다. 일본 SNS에서도 연일 화제가 되며 인기몰이 중. 동전 모양의 커다란 빵 안에 부드럽고 쭈욱 늘어나는 치즈의 맛이 발군이다. 치즈 외에도 커스터드, 팥, 말차 등 여러 가지 맛이 있으므로 고르는 재미가 있다. 가격은 500엔.

10엔빵 도톤보리점
10yenpan Dotonbori
10円パン 道頓堀店

1-10-6, Dotonbori, Chuo-ku, Osaka-shi 10:00~21:00
예약 불가 신용카드 불가
10yenpan.jp
@10yenpan_officia

에그타르트

바삭바삭한 타르트에 계란과 커스터드 크림의 조화가 절묘하다. 작아서 아쉽다는 느낌이 들 정도로 맛있지만, 사람 많은 도톤보리에서 걸으며 먹기 좋은 크기라 편하다. 오리지널 외에도 쇼콜라, 딸기, 캐러멜 등 다양한 타르트가 있으며 계절 한정 타르트도 있다. 가격은 300엔.

앤드류의 에그타르트 도톤보리본점
Andrew's Eggtart Dotonbori
アンドリューのエッグタルト
道頓堀本店

1-10-6, Dotonbori, Chuo-ku, Osaka-shi +81-6-6214-3699
11:00~21:00 예약 불가
신용카드 가능 eggtart.jp
@andrews_eggtart

잠들지 않는 오사카의 상징, 도톤보리에 왔다! 도톤보리의 매력에 흠뻑 빠진 당신에게 '타베아루키(食べ歩き, 돌아다니며 먹기)'를 제안한다. '먹느라 쓰러진다'는 도톤보리에서 꼭 먹어봐야 하는 군것질거리를 엄선했다.

딸기 탕후루 & 오사카 믹스 주스

도톤보리의 상징 중 하나인 쿠이다오레 타로 인형 옆에 자리한 타로즈 팔러에서 딸기 탕후루를 만나보자. 메뉴 이름은 '이치고아메'. 설탕과 딸기의 달콤한 맛이 여행의 피로마저 잊게 해준다. 가격은 650엔. 파인애플, 바나나, 귤, 복숭아와 우유를 섞은 '오사카 믹스'도 인기 메뉴다. 가격은 400엔.

타로즈 팔러

TARO'S PARLOR タローズパーラー

1-7-21, Dotonbori, Chuo-ku, Osaka-shi +81-6-7652-9164

11:00~19:00 예약 불가

신용카드 가능

tarosparlor.wixsite.com

@tarosparlor

스트로베리 와플

도톤보리 강변을 거닐며 먹을 수 있는 달콤한 스트로베리 와플. 딸기와 크림의 부드러운 맛과, 쿠키의 바삭바삭한 식감을 함께 즐길 수 있다. 가격을 추가하면 바닐라, 초코, 캐러멜 등 다양한 토핑이 가능하다. 인증숏용 배경과 의자까지 갖춘 센스도 돋보인다. 하프사이즈 가격 700엔.

스이파라

SUIPARA ワッフル

1-10-7, Dotonbori, Chuo-ku, Osaka-shi +81-6-4256-0810

11:00~19:00 예약 불가

신용카드 가능

@doutonboriwaffle

타코야키

타코하치 도톤보리총본점의 타코야키를 사서 바로 옆에 있는 다자에몬바시에 가면 에비스바시와 리버크루즈, 돈키호테까지 한눈에 들어온다. 다리 난간에 타코야키를 두고 먹으면서 도톤보리를 감상하자. 다른 가게의 타코야키보다 조금 더 큼직하며 겉과 속 모두 부드럽다. 두툼한 타코(문어)의 씹는 맛까지 일품. 가격은 5개 450엔.

타코하치 도톤보리총본점

Takohachi Dotonbori Main Store

たこ八 道頓堀総本店

1-5-10, Dotonbori, Chuo-ku, Osaka-shi +81-6-6211-4684

10:00~21:00 예약 가능

신용카드 가능 takohachi.jp

@takohachi5248

눈부신 오사카의 밤

우메다 스카이빌딩 공중정원 Umeda Sky Building

1-1-88 Oyodonaka, Kita-ku, Osaka-shi
skybldg.co.jp
@umeda_skybuilding

우메다 스카이빌딩(梅田スカイビル)은 오사카 키타 지역의 대표적인 관광지이자 복합 건축물이다. 고층건물 2채가 공중에서 연결되어 있는 독특한 모습으로, 오사카의 랜드마크 중 하나다. 지상 40층, 지하 2층, 173m의 높이로 1993년 완공됐다. 영국의 〈더 타임스〉가 'Top 20 buildings around the world'로서 인도의 타지마할, 시드니 오페라하우스 등과 함께 선정했고, 개업 후 누적 방문자가 1,500만 명을 넘어섰을 정도로 유명하다.
이곳에 관광객들이 몰리는 이유는 단연 공중정원 전망대 때문이다. 꽃과 나무가 가득했다는 '바빌론의 공중정원'을 떠올리는 사람도 있겠지만, 우메다 스카이빌딩의 공중정원은 오사카 시내가 한눈에 내려다보이는 현대적인 디자인을 자랑한다. 옥상 개방형이기 때문에 시원한 바람을 직접 맞으며 풍경을 감상할 수 있다. 360도로 모든 방향을 볼 수 있게 만든 원형 복도 '스카이워크'를 한 바퀴 돌아보면서 우메다의 야경과 요도가와강, 멀리 보이는 오사카만을 감상해보자.
밤이 되면 발 아래로 몽환적인 '루미 스카이워크'가 빛을 발한다. 해 질 녘의 풍경 역시 일품이다. 단, 바람이 너무 강한 날에는 모자나 우산이 날아갈 수도 있으니 주의하자.

INTERCONTINENTAL

전망대 한편에는 수많은 자물쇠가 걸린 울타리와 빨간색 커플 의자가 있다. 이곳의 이름은 '루미데키(ルミデッキ)'로, 스카이빌딩을 찾은 커플들이 인증숏을 남기려 몰려드는 곳이다. 끝도 없이 걸려 있는 하트 모양의 자물쇠는 'Heart Lock' 혹은 '치카이노카기(誓いの鍵, 맹세의 자물쇠)'로 불린다. 사랑하는 사람과의 추억을 오사카에 두고 오고 싶다면, 이름과 날짜를 새길 수 있는 자물쇠를 구입하자(당일 판매는 하지 않으며, 사전에 스카이빌딩 홈페이지에서 Heart Lock이 포함된 티켓을 구매해야 한다).

한 층 아래의 실내 전망대에서는 아늑하고 차분하게 풍경을 감상할 수 있다. 커플용인 에스카루고·캬빈(달팽이 오두막)과 가족용 벤치 등 다양한 의자가 배치되어 있다. '카페 스카이 40'에서는 과일 주스, 커피, 맥주 등을 즐길 수 있다. 카페 반대쪽 '공중정원대명신(空中庭園大明神)'에서 연애 성취를 기원하면 이루어진다는 이야기가 있다.

한 층 아래 '갤러리숍39'에서는 공중정원만의 한정 상품 등을 판매하고 있다.

스카이빌딩은 지하의 '타키미코지(滝見小路)'라고 불리는 식당가로도 유명하다. 구형 자동차와 우체통, 공중전화 등 1920년대의 일본 골목을 그대로 재현한 인테리어로 큰 인기를 끌고 있다. 여러 종류의 식당과 이자카야가 줄지어 있어 골라 먹는 재미도 느낄 수 있다. 그중 오사카에서도 손꼽히는 오코노미야키 전문점, '키지(きじ)'와 일본전통음식점 '미야케(みやけ)'를 추천한다.

INFO.

🕘 9:30~22:30(공중정원 입장 마감 22:00(예고 없이 변경 가능)

🎫 성인 1,500엔, 4세~초등학생 700엔, 4세 미만 무료 *주유패스 소지 시 18:00 이전 입장 무료

🚆 한큐 오사카우메다역 차야마치구치 출구로 나와 그랜드프론트빌딩 쪽으로 약 300m 직진, 지하보도 통과 / 오사카메트로 미도스지선 우메다역 5번 출구로 나와 횡단보도가 보이면 좌회전 후 약 300m 직진, 지하보도 통과 / JR 오사카역 츄오키타구치 출구로 나와 광장을 가로질러 약 200m 직진, 지하보도 통과

TIP.

❶ 옥상 전망대는 꽤 어두워서 좋은 사진을 찍기 어렵다. 인증숏을 찍으려 해도 얼굴이 어둡게 나오기 때문에 카메라나 휴대폰의 플래시를 보조 조명으로 쓰는 센스가 필요하다.

❷ 일몰과 야경 때는 입장객이 몰리기 때문에 긴 줄을 서야 할 수도 있다. 전망대까지 올라가더라도 단체 관광객들과 함께하는 불운을 겪는다면 제대로 감상하기 어렵다. 일행이 많거나 아이를 동반한다면 낮 시간을 이용하는 것이 좋다. 날씨만 도와준다면 광활한 지평선도 볼 수 있다.

❸ 타워 웨스트 27층에 위치한 키누타니코지 천공미술관에서 미술품도 관람하고, 오사카만 일대를 내려다보자. 공중정원 전망대 세트권(2,000엔)을 구입하면 더 저렴하다. 당일 한정 재입장도 가능하다.

에도시대 거리로 타임슬립!

오사카주택박물관 The Osaka Museum of Housing and Living

6-4-20 , Tenjinbashi, Kita-ku, Osaka-shi
osaka-angenet.jp
@osaka_kurashino_konjyakukan

일본에서 처음으로 생긴 생활 전문 박물관으로 정식 명칭은 '오사카 생활의 금석관'이지만 우리나라 여행자들 사이에서는 '주택박물관'으로 불린다. 에도시대 후기인 덴포시대(1831~1845년)의 거리를 실물 크기로 복원한 '나니와초카노사이지키(なにわ町家の歳時記)'가 이곳의 하이라이트로 꼽힌다. 거리와 집, 우물, 목욕탕 등 당시의 풍경을 그대로 재현해놓았는데 소리와 빛으로 아침, 점심, 저녁을 연출한 덕분에 더욱 생생하게 오사카의 과거를 체험해볼 수 있다. 봄에서 여름까지는 텐진 마츠리 축제를, 가을에는 상가의 활기찬 모습을 볼 수 있다. 지붕 위의 고양이, 골목의 강아지 등 섬세한 구성도 눈길을 끈다. 일본의 전통 놀이기구 체험은 물론 만담이나 다과회, 종이 접기 행사도 수시로 열리니 가족 여행객들도 부담 없이 방문할 수 있다.

주택박물관에서 또 하나 빼놓지 말아야 할 것이 바로 기모노 착용 체험이다. 전통 의상을 입고 에도시대의 거리를 걸으며 시간 여행을 떠나보자. 요금도 1인당 500엔으로 저렴하다. 기모노 종류가 적은 데다 30분 뒤에 반납해야 하지만, 교토까지 갈 시간이 없는 여행객들에게는 좋은 선택지가 될 수 있다. 선착순으로 하루에 300명만 체험할 수 있으니 체험을 원한다면 서두르자.

기모노로 아예 갈아입는 것이 아니라 덧입는 형식이므로 맵시를 위해 옷을 얇게 입고 가는 것이 좋다.

1900년대 초반과 태평양전쟁 시기의 오사카 거리와 주택, 그 안에 사는 사람들을 정교하게 묘사한 8층의 '모던 오사카 파노라마 유람(モダン大阪パノラマ遊覧)' 디오라마관 역시 손꼽히는 볼거리다. 단순한 모형 전시가 아니라 스토리에 따라 구성되어 있는데, 태평양전쟁 전후를 살며 다양한 주택을 경험한 에츠코의 이야기가 인형극과 내레이션으로 펼쳐진다. 하나의 모형이 엘리베이터처럼 다른 모형으로 교체되는 장면도 백미. 그 외 텐진 마츠리 행렬과 과거 오사카의 번화가였던 루나 파크(ルナパーク)를 재현한 모형 역시 인상적이다.

INFO.

🕒 10:00~17:00(입장 마감 16:30, 화요일 및 연말연시 휴관)

🎫 성인 600엔, 고등학생·대학생 300엔, 중학생 이하 무료

*주유패스 소지 시 무료

🚇 오사카메트로 다니마치선·사카이스지선, 한큐선 텐진바시스지로쿠초메역 3번 출구 스마이정보센터 건물 8~10층

TIP.

❶ 사진은 자유롭게 찍을 수 있지만 삼각대와 셀카봉은 금지다. 또한 실내가 조금 어두운 편이라 사진 찍기가 어려운 편이다. 사진을 찍어줄 사람이 없다면 같은 1인 여행자를 물색해 사진 품앗이를 해보는 것도 좋다.

❷ 주택박물관 하나 때문에 이곳으로 오는 것이 망설여진다면, 텐진바시스지 상점가를 구경하며 걷다가 주택박물관을 관람하고, 북쪽으로 도보 6분 정도 떨어진 천연온천 나니와노유에서 피로를 푸는 일정을 추천한다.

plus spot

천연온천 나니와노유

천연온천 나니와노유(天然温泉 なにわの湯)는 주택박물관 근처, 텐진바시로쿠초메역에서 도보 10분 거리에 위치해 접근성이 좋다. 지하 660m에서 끌어올린 천연온천이라 피부를 부드럽게 해줘 현지인들에게도 인기다. 숙소가 우메다 지역인 여행자라면 하루 일과 후 들러 피로를 풀기 좋다. 온천을 즐기고 휴식을 취할 수 있는 공간이 마련되어 있고, 식사도 즐길 수 있다. 시즌마다 진행되는 이벤트 정보를 SNS에서 미리 알아보고 가는 것도 좋다. 기본적인 세면 용품은 무료지만 수건과 로커 등은 유료다. 주유패스로 무료 이용이 가능했으나 현재는 불가능하니 요금을 참고하자. 크기에 상관없이 타투가 있는 경우 입욕할 수 없다.

1-7-31, Nagaranishi, Kita-ku, Osaka-shi

중학생 이상 850엔, 초등학생 400엔, 미취학아동 150엔

10:00~다음 날 1:00, 주말 8:00~다음 날 1:00

naniwanoyu.com

@naniwanoyu

100여 년 역사의 화려한 거리와 서민들의 술자리

신세카이 Shinsekai

츠텐카쿠 1-18-6 Ebisuhigashi, Naniwa-ku, Osaka-shi
tsutenkaku.co.jp
@tsutenkaku_official

오사카의 그 어떤 곳보다 화려하고 밤이 되면 불타오르듯 눈부신 거리가 있다. 바로 100년의 역사를 가진 신세카이(新世界)다. 현란한 간판과 맛집이 가득한 거리라는 점에서 도톤보리와 비슷하지만, 도톤보리에 없는 올드한 느낌과 서민적인 분위기가 독특한 매력을 발산한다. 신세카이는 낮보다 밤이 더욱 볼 만한데, 불야성을 이루는 휘황찬란한 조명과 거대한 복어 모형 등 재미있는 간판이 시선을 사로잡는다.
신세카이 중심부에 위치한 츠텐카쿠는 한때 동양에서 가장 높은 건물이었고 수십 년 전부터 일본의 만화, 드라마, 영화에 배경으로 등장하며 오사카의 랜드마크로 자리매김했다. 츠텐카쿠 전망대에 오르면 텐노지를 비롯한 오사카 시내가 눈앞에 펼쳐진다. 5층 전망대에서 추가 요금을 내고 한 계단 더 올라가면, 특별 옥외전망대인 텐보파라다이스에서 시원한 바람을 직접 맞으며 경치를 즐길 수 있다.
돌출형 시스루 플로어 'TIP THE TSUTENKAKU'가 선사하는 짜릿한 스릴도 놓치지 말자.
황무지나 다름없었던 이곳이 변하기 시작한 것은 1903년 개최된 제 5회 내국권업박람회 덕분이었다. 1912년에는 츠텐카쿠와 루나파크가 개업하며 '오사카의 새로운 명소'라는 뜻의 신세카이라는 이름이 붙여졌다. 루나파크에는 일본 최초의 여객용 케이블카가 있었고, 밤에도 화려한 조명이 들어와 당시 사람들에게는 그야말로 '신세계'였다. 하지만 인근 지역에 비슷한 번화가가 생기기 시작하면서 루나파크는 1923년

上杉酒店
フェスティバルゲート
通天閣・新世界
たばこ

横綱串かつ
24時間営業

日立ルームエアコン

西
WEST

一の串かつ
横綱

横綱
大阪新世界

10－0
WELCOME
FamilyMart
Asahi

TIP.

❶ 전망대 3층에서 지하 1층으로 나선형 튜브로 미끄러지며 내려가는 어트랙션, '타워 슬라이더'를 체험해보자. 오사카 주유패스를 이용하면 무료다. 티켓 구입은 지하 1층.

❷ 츠텐카쿠에서 도보로 6분 정도 떨어진 곳에 메가돈키호테 신세카이점이 있다. 오사카 여행 중 돈키호테에 들를 예정이라면 붐비는 도톤보리점보다 이곳을 추천한다. 하지만 면세 계산대가 적어서 시간이 걸릴 수 있다.

❸ 메가돈키호테 신세카이점 옆에 위치한 스파월드는 도심에서는 드문 규모의 대형 사우나다. 10시부터 다음 날 아침까지 영업하므로 숙소로 돌아가기 전 여행의 피로를 풀기에 좋다.

폐장하고, 1943년에는 전쟁 물자 공출을 이유로 츠텐카쿠도 해체된다. 전쟁 후 츠텐카쿠는 재건되었지만 이후에도 신세카이는 재기의 활로를 찾지 못한채 쇠퇴의 길을 걸었다. 신세카이가 다시 살아나기 시작한 것은 80~90년대 들어서다. 개발되지 않아 올드한 분위기가 남아 있던 것이 오히려 매력 포인트로 주목 받으며 새로운 관광지로 부각된 것이다. 주로 파칭코, 성인영화 극장 등이 있던 공간에 쿠시카츠 전문점과 타코야키 등의 서민 음식점이 생기며 이곳은 우리가 아는 현재의 신세카이가 되었다. 치안이 좋지 않은 편이니 늦은 시간에 관광지를 벗어난 곳까지 다니지 않도록 하자.

INFO.

🕒 츠텐카쿠 10:00~20:00(마지막 입장 19:30) / 텐보 파라다이스 10:00~19:50(마지막 입장 19:30) / 타워 슬라이더 10:00~19:30

🎫 고등학생 이상 900엔, 만 5세~중학생 400엔, 텐보 파라다이스 고등학생 이상 300엔 추가 *주유패스 소지 시 평일 한정 무료 / 타워 슬라이드는 전망대와 별도로 고등학생 이상 1,000엔, 7세~중학생 500엔(주유패스 적용 불가)

🚇 오사카메트로 사카이스지선 에비스초역 3번 출구에서 직진 도보 3분 / 오사카메트로 미도스지선·사카이스지선 도부쓰엔마에역 1번 출구에서 왼쪽 철로 아래로 통과, 쟌쟌 요코초 지나 도보 5분 / JR 칸조선 신이마미야역 동출구에서 도보 10분 / 한카이 전차 한카이선 에비스초역 출구에서 도보 3분

오사카의 부엌

쿠로몬시장
Kuromon Market

2-4-1, Nipponbashi, Chuo-ku,
Osaka-shi
kuromon.com
@kuromonichiba

오사카에서의 먹방을 생각하면 흔히들 도톤보리를 떠올리지만, 오사카인들이 찾는 진짜 먹자골목은 바로 쿠로몬시장(黒門市場)이다. 교토의 니시키시장이 '교토의 부엌'으로 불린다면, 쿠로몬시장은 '오사카의 부엌'이다. 에도시대 후기 오사카에서 잡은 생선들만 판매하던 수산물 시장으로 시작했다. 근처에 엔메이지라는 절이 있어서 처음에는 '엔메이지시장'으로 불렸지만 이후 북동쪽에 '검은문(黒門)'이 생긴 이후 '쿠로몬시장'으로 불리게 되었다.

교토 사람들은 옷에 재산을 낭비하고, 오사카 사람들은 먹을 것에 돈을 낭비한다는 말이 있다. 오사카의 다양한 음식을 걸으며 즐기는 '타베아루키'를 제대로 경험할 수 있는 곳이 바로 쿠로몬시장이다. 총 길이 600m의 아케이드 안에 해산물, 정육, 일본식 과자, 과일, 장아찌 상점 등 약 160여 개의 점포가 들어서 있다. 현지인은 물론 요리사들이 식재료를 구입하러 오는 곳으로 하루 평균 23,000명이 방문한다.

INFO.

오사카메트로
사카이스지선·센니치마에선
닛폰바시역 10번 출구에서 도보 3분
+81-6-6631-0007

plus spot

쿠로몬시장 추천 먹을거리

마구로야 쿠로긴

まぐろや黒銀 Kurogin Tuna Store

직접 해체한 신선한 참치를 맛볼 수 있다. 지방이 적어 담백한 '아카미(살코기)', 지방이 풍부해 사르르 녹아내리는 '오토로(대뱃살)', 아카미와 오토로의 장점만 더해놓은 듯한 '주토로(중뱃살)', 참치 한 마리에서 딱 두 점만 나오는 '가마토로(아가미 뒷부위)' 등 다양한 부위를 스시, 덮밥, 사시미로 즐길 수 있다.

2-11-1, Nipponbashi, Chuo-ku, Osaka-shi 9:00~21:00 (화·수요일 휴무) +81-6-4396-7270 신용카드 불가 kurogin.co.jp @maguroyakurogin

미나토

みなと Minato

오사카의 먹거리에서 빼놓을 수 없는 소울푸드, 우동. 쿠로몬시장의 미나토에서는 가츠오와 콘부 육수를 사용한 전통 수제 나니와 우동을 맛볼 수 있다. 새우튀김, 유부, 청어, 미역 등 다양한 토핑이 올라간 고모쿠 우동을 추천한다.

1-21-11, Nipponbashi, Chuo-ku, Osaka-shi 10:30~15:30 (일요일 휴무) +81-6-6641-2444 예약 불가 신용카드 불가 kuromon.com/jp/minato

신우오에이

新魚栄 Shinuoei

70년 전통의 신우오에이는 쿠로몬시장은 물론, 전국의 대기업과 호텔에 수산물을 납품할 정도로 높은 평가를 받고 있다. 가장 유명한 메뉴는 장어구이(1,000엔).

1-21-18, Nipponbashi, Chuo-ku, Osaka-shi 9:00~17:00 (일요일 휴무) +81-6-6636-3335 예약 불가 신용카드 불가 shinuoei.co.jp

이시바시쇼쿠힌

石橋食品 Ishibashi Shokuhin

쿠로몬시장에 왔다면 오뎅을 꼭 먹어봐야 한다. 1973년 창업 이래 현지인들의 사랑을 받고 있는 반찬 가게로, 이곳의 오뎅은 일본 SNS에서 인기다.

2-2-20, Nipponbashi, Chuo-ku, Osaka-shi 9:00~17:00(일요일 휴무) +81-6-6632-0433
예약 불가 신용카드 불가
kuromon.com/jp/ishibashi

쿠로몬 산페이

黒門三平 Kuromon Sanpei

신선한 해산물을 점내에서 바로 먹을 수 있는 곳. 장어덮밥, 참치덮밥 등 수많은 메뉴가 있지만 참치, 연어 등이 듬뿍 들어간 카이센동(1650엔)을 추천한다.

1-22-25, Nipponbashi, Chuo-ku, Osaka-shi 10:00~17:00 (오봉·연말연시 제외 연중무휴) +81-6-6634-2611 예약 불가
신용카드 가능
kuromon-sanpei.co.jp
@kuromonsanpei.shop

쿠시세이

串誠 Kushisei

해산물 통구이(하마야키) 전문점. 대형 새우와 랍스터, 킹크랩 중 원하는 해산물을 고르면 즉석에서 구워주는데 냄새가 기가 막히다. 탱글탱글하고 감칠맛 가득한 가리비는 육즙이 가득해 입안에 넣으면 바다의 향이 느껴진다.

2-2-17, Nipponbashi, Chuo-ku, Osaka-shi 9:00~18:00 (연중무휴) +81-6-6647-5677
예약 불가 신용카드 불가
kuromon.com/jp/kushisei
@kuromon_kushisei

오사카 No.1 쇼핑 스트리트

신사이바시스지 Shinsaibashi-suji

다이마루백화점 1-7-1, Shinsaibashisuji, Chuo-ku, Osaka-shi
shinsaibashi.or.jp
@instashinsaibashi

미도스지 옆을 따라 남북으로 길게 이어진 신사이바시스지 상점가(心斎橋筋商店街)는 다이마루백화점과 유명 브랜드 매장을 비롯해 패션, 주얼리, 드럭스토어 등 다양한 상점들이 밀집된, 오사카를 대표하는 쇼핑 스트리트이다. 게다가 도톤보리, 아메리카무라, 요롯파도리 등 오사카 중심부의 관광지를 이어주는 길목이라 언제나 북새통을 이룬다. 특히 주말이 되면 걷기도 힘들 정도. 신사이바시역과 연결된 지하상가인 'CRYSTA 나가호리'에서 지상으로 올라오면, 과거 이 일대가 강이었고 횡단보도 자리에 신사이바시 다리가 있었다는 사실이 믿기 어려울 정도로 그 흔적을 찾아보기 어렵다. 남쪽으로 걸어가다 보면 신사이바시스지

상점가의 랜드마크라 해도 과언이 아닌 다이마루백화점이 나오고, 한 블록 더 내려가서 왼쪽으로 고개를 돌리면 유럽풍의 분위기가 느껴지는 조용한 거리가 나온다. 이곳은 '유럽 거리'란 뜻의 요롯파도리라고 불리는 거리다. 스타일리시한 카페와 갤러리가 숨어 있고, 신사이바시스지 상점가와 비교하면 인적이 드물기 때문에 가벼운 마음으로 둘러보기 좋다.

아케이드 상점가를 따라 쇼핑을 즐기다가 글리코 간판이 유명한 도톤보리의 에비스바시가 나오면 신사이바시스지 상점가는 끝이 난다. 다리 너머는 에비스바시스지 상점가가 이어지는데, 사실상 하나의 영역권이다. 에비스바시스지 상점가는 신사이바시스지 상점가에 비해 노포들이 섞인, 조금 더 전통시장의 느낌이 나는 편이다.

INFO.

🚇 오사카메트로 미도스지선·나가호리츠루미료쿠치선 신사이바시역 5·6번 출구

초대형 수족관에서 고래상어와 눈맞춤을

가이유칸 Kaiyukan

1-1-10 Kaigandori, Minato-ku, Osaka-shi
kaiyukan.com
@kaiyukan_japan

수량 기준, 세계에서 다섯 손가락 안에 드는 초대형 수족관에서 한가로이 헤엄치는 고래상어를 만나보자. 거대한 고래상어와 가오리로 유명한 가이유칸(海遊館)은 오키나와 츄라우미수족관과 함께 일본에서 가장 유명한 수족관으로 꼽힌다. 1990년 개업해 2016년에는 누적 관객 7000만 명을 돌파했을 정도로 인기가 높다.
관람은 일본의 숲에 사는 수달을 볼

수 있는 니혼노모리(日本の森)에서 시작된다. 5400톤의 물로 태평양을 재현한 초대형 수조를 나선형으로 도는 동선을 따라가다 보면 남북극, 오사카 근해, 파나마, 몰디브 등에 사는 다양한 생물들을 만날 수 있다. 주인공 격인 고래상어 외에도 해달, 물범, 펭귄, 돌고래, 개복치, 바다거북, 해파리 등 TV에서만 보던 동물들이 눈앞에 펼쳐진다. 가이유칸에는 어류뿐 아니라 양서류, 파충류, 조류까지 총 620종, 3만 점에 이르는 다양한 생물들이 서식하고 있다. 동물마다 조금씩 다르지만 대략 10:00~11:30, 15:00~16:30에 방문하면 동물들이 식사하는 모습과 함께 간단한 공연을 감상할 수 있다. 해양 생물을 조금 더 가까이서 보고, 냄새를 맡고, 손으로 만져볼 수 있는 체험형 전시 공간도 있다. 천장 돔형 수조에서 고리무늬물범이 재빠르게 움직이는 모습을 감상한 뒤 한 층 올라오면, 실제 북극의 추위가 몰아닥치는 듯한 공간에서 물범의 냄새와 소리를 느낄 수 있다. 몰디브 제도를 재현한 얕고 넓은 수조에서는 상어나 가오리를 직접 만져볼 수 있어 아이들에게 대단한 인기를 얻고 있다. 손에서 빠져나가는 미끌거리는 촉감을 느껴보자.

INFO.

🕒 평일 10:00·주말 9:30~20:00(마지막 입장 19:00, 영업 시간 변동)

🎫 16세 이상 2700엔, 초등학생·중학생 1400엔, 3세 이상 700엔, 2세 이하 무료 *오사카 가이유킷푸(OSAKA海遊きっぷ) 판매 보류 상태

🚇 오사카메트로 츄오선 오사카코역 1번 출구에서 도보 8분

TIP.

❶ 티켓 창구에서 추가 요금 1,000엔을 내면, 백야드에서 수조를 관람할 수 있다. 고래상어에게 먹이를 주는 모습을 보려면 추가 요금 2,000엔이 필요하다.

❷ 가이유칸이 있는 덴포잔 하버빌리지에는 범선형 관광선 산타마리아호나 레고랜드 디스커버리 센터 오사카 등, 공통권을 이용하면 저렴해지는 시설이 많이 있다. USJ에 왕복할 수 있는 캡틴라인도 공통권을 이용하면 유리하다. 하지만 오사카 주유패스가 있다면 굳이 공통권을 사지 않아도 된다. 단, 주유패스에는 평일 사용 한정 등 제한 사항이 있으니 유의하자.

Fun of Shopping

쇼핑의 즐거움

오사카에서 빼놓을 수 없는 것이 바로 쇼핑. 난바역과 가까워 들르기 좋은 난바파크스, 2.6km에 600여 개의 점포가 늘어선 텐진바시스지 상점가, 패셔니스타가 모이는 아메리카무라, 귀국 전 쇼핑을 즐기기 좋은 린쿠타운까지. 두 손 가득 쇼핑을 즐겨보자.

일본 최대 규모의 옥상 정원이 있는 쇼핑몰

난바파크스 Namba Parks

2-10-70 Nanbanaka, Naniwa-ku, Osaka-shi
nambaparks.com
@nambaparksofficial

난바파크스는 쇼핑 스트리트, 영화관, 공원 등 다양한 시설이 자리한 복합 쇼핑몰이다. 프랑프랑, 인더룸 등 유명 브랜드를 비롯해 200여 곳이 넘는 패션 및 인테리어 전문점이 입점해 있다. 미국의 그랜드캐니언을 형상화해 캐니언 스트리트라고 부르는 난바파크스의 메인 스트리트에는 고급 브랜드숍은 물론 이벤트 장소가 마련되어 있어 늘 방문객들로 북적인다.

건물 옥상의 파크스 가든 공중정원 역시 빼놓을 수 없다. 우메다 스카이빌딩의 공중정원과 달리, 진짜 나무와 꽃이 있는 도심 속 정원으로 11,500m^{2}의 면적에 500종 이상의 식물이 심겨 있다. 상업시설의 옥상 정원으로는 일본 최대 규모로, '사람과 자연의 공존'이라는 콘셉트로 설계됐다. 계단을 오르며 천천히 산책하는 데 1시간 정도 걸리며, 곳곳에 쉼터와 원형극장이 자리해 있다. 미국 CNN에서 '세계에서 가장 아름다운 공중정원 10'으로 선정했을 정도로 독특하고 균형감 있는 구성이 돋보인다(영업 시간 10:00~24:00, 무료).

과거 난바파크스 자리는 오사카 연고의 프로야구 구단 난카이 호크스(현 소프트뱅크 호크스)의 홈구장 부지였다. 연고 이전 후 주택 전시장 등으로 쓰이다 1998년 철거되어 오늘에 이르렀다. 과거 야구장이었을 때의 홈베이스와 투수 플레이트 위치에는 지금도 기념 플레이트가 설치돼 있다. 파크스 가든 9층에는 난카이 호크스의 50년 역사를 되돌아보는 난카이 호크스 메모리얼 갤러리가 있다. 역대 선수와 감독을 소개하고, 우승컵과 유니폼 등을 전시하고 있어 야구 팬이라면 방문해볼 만하다(영업 시간 10:00~21:00, 무료).

난바파크스에서 길을 건너면 난바

최대의 쇼핑센터 중 하나인 난바시티가 나온다. 크게 본관과 남관, 난카이 전철과 이어진 역관으로 구성되며 2층에는 타카시야마백화점, 간사이 국제공항과 린쿠타운으로 갈 수 있는 난카이난바역이 있다. 300여 개의 점포가 입점해 있으며, 애프터눈 티 리빙, 무인양품, 3코인즈 등 생활용품점과 유니클로, 차오파닉 등 의류 브랜드도 있어 마지막 날 일정으로 쇼핑을 즐긴 후 공항으로 이동하기 좋다.

INFO. 난바파크스
쇼핑가 11:00~21:00, 식당가 11:00~23:00
난카이 전기철도 난카이난바역 중앙출구·남출구 직결 / 오사카메트로 미도스지선·센니치마에선 난바역에서 도보 10분 / 킨키 일본 철도 오사카난바역에서 도보 10분 / JR 야마토지선 JR 난바역에서 도보 10분

INFO. 난바시티
쇼핑가 11:00~21:00, 식당가 11:00~22:00
난카이 전기철도 난카이난바역 연결 / 오사카메트로 미도스지선·센니치마에선 난바역에서 도보 8분 / 킨키 일본 철도 오사카난바역에서 도보 8분 / JR 야마토지선 JR 난바역에서 도보 8분
nambacity.com
@nambacity

TIP.

한 점포에서 5,000엔 이상(세금 별도) 구입했다면 계산대에서 여권을 제시해 면세 받을 수 있다. 7층 면세 카운터(영업 시간 12:30~21:30)에서 환급 받는 방법도 있으므로 기억해두자. 난바시티의 면세 카운터는 본관 지하 2층(영업 시간 13:00~21:30)에 있다. 자세한 정보는 홈페이지 참고.

일본에서 가장 긴 상점가

텐진바시스지 상점가 Tenjinbashi

1~7 Tenjinbashi, Kita-ku, Osaka-shi
tenjin123.com(1~3초메) / tenjinbashi.net(4~6초메)

텐진바시 인근의 1초메부터 7초메까지 약 2.6km에 걸쳐 600여 개 점포가 활발히 영업 중인, 일본에서 가장 긴 아케이드 상점가이다. 지하철역 3개를 아우를 정도로 방대하며 그만큼 방문객도 어마어마하게 많다. 흔히 1초메는 텐이치(てんいち), 6초메는 텐로쿠(てんろく)와 같이 약칭으로 불린다.
오사카텐만구(大阪天満宮)의 참배로와 텐마(天満) 지역을 중심으로 발전해온 텐진바시스지 상점가(天神橋筋商店街)는 오늘날에도 특색 있는 아이템과 음식으로 큰 사랑을 받고 있다. 일본 각지와 해외에서 온 관광객들, 그리고 장을 보는 현지인들이 내뿜는 엄청난 활기를 엿볼 수 있으며, 2초메 입구에 매달린 오무카에닌교(お迎え人形), 3초메 천장의 도리 등 곳곳마다 구경하는 재미도 쏠쏠하다. 일본 3대 축제 중 하나인 텐진 마츠리 때는 축제 행진이 상점가를 지나기 때문에 구경꾼들로 더욱 발디딜 틈이 없다.
지도상 세로줄인 1~6초메가 핵심이지만, 그 가운데를 가르는 가로선에도 상점가가 자리한다. 서쪽은 텐고나카자키도리(天五中崎通) 상점가이고, 동쪽은 텐마이치바(天満市場) 시장이다. 텐고나카자기도리는 흔히 오이데야쓰(おいでやす, 어서오세요) 거리라고도 불린다.

메인 상점가와 달리 관광객이 드물고, 현지인 맛집이나 카페가 많은 데다 나카자키초(中崎町) 지역까지 이어져 있어 이동 중에 들르기 좋다. 동쪽의 텐마이치바 시장은 에도시대에 '천하의 부엌'으로 불리던 오사카의 옛 상징으로 1945년 태평양전쟁 공습으로 소실되었다가 1949년 현재의 자리에 이전·재건되어 전통시장의 명맥을 이어나가고 있다. 골목과 가게마다 옛 정취가 남아 있고 가격도 저렴해 현지인들이 많이 찾는다. 1초메에서 시작해 6초메까지 쇼핑하면서 걸으려면 적어도 2시간 이상은 필요하다.

INFO.

2초메 - 오사카메트로 사카이스지선·타니마치선 미나미모리마치역 3번 출구 / 4초메 - 오사카메트로 사카이스지선 오기마치역 1번 출구 / 6초메 - 오사카메트로 타니마치선·사카이스지선, 한큐선 텐진바시스지로쿠초메역 8번 출구

TIP.

6초메를 지나면 상점의 빈도가 크게 떨어지지만, 조금만 더 올라가면 한국에도 잘 알려진 천연온천 나니와노유에서 피로를 풀 수 있다.

패셔니스타 in 오사카

아메리카무라

Nishishinsaibashi-area,
Chuo-ku, Osaka-shi
americamura.jp

오사카의 패셔니스타는 아메리카무라(アメリカ村)에 모인다. 아메리카무라는 전 세계의 구제 아이템과 히피 스타일 잡화, 명품 브랜드까지 2,500여 점포가 골목마다 빼곡히 들어선 일본 패션의 천국이다. 클럽에서 흘러나오는 음악, 호객하는 외국인들, 산카쿠코엔(삼각공원)에서의 거리 공연 또한 개성이 넘친다. 동서로는 미도스지와 호리에 사이, 남북으로는 나가호리 거리와 도톤보리강 사이에 위치한다.

1960년대부터 젊은 디자이너들이 유입되면서 상점가로 발전해온 아메리카무라는 원래 신사이바시스지 상점들의 창고와 주차장 부지로 사용되고 있었다. 디자이너들은 저렴한 월세를 이용해 미국에서 들여온 서핑 용품, 중고 레코드, 구제 패션, 잡화 등을 판매하는 전문점과 벼룩시장을 열기 시작했고, 사람들은 일본에서 만나보기 힘들었던 미국 제품들이 가득한 이곳을 두고 '마치 미국에 온 것 같다'고 입을 모았다. 이후

1980년대부터 '아메리카무라'라는 별명이 미디어를 통해 일본 전역에 알려지며 오사카의 대표 패션가로 거듭나게 되었다. 오늘날에는 옷가게 외에도 음반가게, 맛집, 클럽까지 포진해 있어 두루 구경하기 좋다. 레트로 느낌이 충만한 그래피티도 놓치기 아쉬운 볼거리다.

INFO.

오사카메트로 요츠바시선
요츠바시역 5번 출구에서 도보 2분 /
오사카메트로 미도스지선·
나가호리츠루미료쿠치선
신사이바시역(心斎橋駅) 7번 출구에서
도보 5분

TIP. 중간 지점에 있는 산카쿠코엔과 빅 스텝(BIG STEP)을 중심으로 돌아보면 길을 어렵지 않게 찾을 수 있다. 점포마다 영업 시간이 다르지만, 대개 점심 이후부터 문을 여는 곳이 많다.

plus spot

요롯파도리

아메리카무라에서 미도스지를 건너면 요롯파도리(ヨーロッパ通り)가 있다. 애플스토어 앞 횡단보도를 건너 신사이바시스지 상점가 쪽으로 이어진 스오마치도리를 걷다 보면 유럽풍의 조용한 거리가 등장하는데, 이곳이 바로 '유럽 거리'란 뜻의 요롯파도리다. 스타일리시한 카페와 갤러리 등이 곳곳에 숨어 있고, 신사이바시 상점가와 비교하면 인적도 드문 편이라 가벼운 마음으로 산책하기 좋다.

서브컬처 천국에서 만나는 오타쿠 문화

덴덴타운

Nipponbashi, Naniwa-ku, Osaka-shi
nippombashi.jp
@nippombashi_sns

애니메이션, 만화, 게임, 피규어, 코스프레에 메이드 카페까지 덴덴타운(でんでんタウン)은 이른바 오타쿠들의 거리로 불린다. 핵심인 사카이스지와 북쪽의 난산도리, 서쪽의 오타로드를 아우르는 서일본 최대의 전자제품 및 서브컬처 관련 쇼핑 스트리트로 조신덴키, 소후마푸, 애니메이트, 게이머즈 등 수많은 가게들이 빼곡히 들어서 있다. 난카이난바역이나 닛폰바시역에서 도보로 이동 가능한 위치인 만큼 마니아 문화에 관심 있는 여행객이라면 절대로 놓칠 수 없는 곳이다.

이 일대는 과거 스미요시타이샤 참배도로서 번성했지만 메이지시대 혼란기를 겪으며 쇠퇴했다. 이후 1900년대 초 인근의 신세카이에서 개최된 박람회가 대성공을 거두며 변모하기 시작했다. 1930년대에는 고서적, 1950년대에는 가전제품,

1970년대부터는 전자제품과 취미 관련 상품을 판매하며 일본 전역에 이름을 떨쳤다. 1990년대 이후부터는 경제 침체와 대형 전자제품 할인매장의 등장으로 찾는 사람이 줄었다. 요즘에는 애니메이션이나 게임, 컴퓨터 관련 상가로 더 잘 알려져 있으며, 휴대전화 판매소, 메이드 카페 등 입점 업체가 다양화되면서 방문층이 넓어지는 추세다. 같은 제품이라도 가게마다 가격이 다르니, 일정에 여유가 있다면 여러 곳에 방문해보는 것이 좋다.

오타로드에서 에비스초역 방향으로 내려가다 보면 오래되고 낡은 느낌의 점포들이 늘어서 있는데, 이곳을 '고카이햣카텐'이라고 부른다. 1888년 이곳에 건설된 5층 전망대에서 이름을 딴 이 지역에는 공구, 골동품, 헌옷 가게들이 밀집되어 있다. 태평양전쟁 이후에는 장물도 사고 팔았을 정도로 없는 것이 없었고, 저렴한 가격으로 유명했다고 한다.

TIP. 닛폰바시종합안내소에서는 관광 안내를 비롯해 짐 일시 보관 및 해외 발송, 환전까지 할 수 있다.

INFO.

오사카메트로 사카이스지선·센니치마에선 닛폰바시역(日本橋駅) 5·10번 출구에서 직진 도보 5분 / 오사카메트로 사카이스지선 에비스초역(恵美須町駅) 1A·1B 출구

11:00~19:00(수요일 휴무)

간사이 최대 아웃렛과
붉은 석양의 해안공원

린쿠타운 Rinku-town

린쿠 프리미엄 아웃렛
3-28 Rinkuoraiminami,
Izumisano, Osaka-shi
premiumoutlets.co.jp
@rinkupremiumoutlets

간사이 국제공항 건너편에 자리한 린쿠타운(りんくうタウン)의 프리미엄 아웃렛은 입점한 브랜드가 200여 개가 넘고 연간 방문객 수만 약 500만 명에 달할 정도로 간사이 최대 규모를 자랑한다. 미국 사우스캐롤라이나 주의 항구도시 찰스턴을 모델로 하여 리조트 콘셉트로 디자인되었다. 시중가보다 기본 20~50% 저렴한 가격에 물품을 구입할 수 있으며 이벤트나 세일 기간에는 80~90% 할인 가격으로도 쇼핑이 가능한 만큼 귀국 전 마지막 쇼핑을 즐기기에 제격이다. 방문 전 홈페이지에서 세일 및 이벤트 정보를 미리 확인하자.

눈부신 마블비치와 해안공원, 대관람차 등 볼거리도 많아 쇼핑 목적이 아니더라도 방문해볼 만하다. 아웃렛 외에 쇼핑, 실내 온천, 드럭스토어, 식당가까지 갖추어져 있는 복합 상업시설인 린쿠 플레져타운 시클(SEACLE)도 빼놓을 수 없다. 대관람차인 '린쿠의 별(りんくうの星)'을 타면 린쿠타운 전역과 간사이 국제공항까지 한눈에 들어온다. 해가 지면 켜지는 화려한 조명도 볼거리다.

쇼핑을 마쳤다면 린쿠 공원과 마블비치로 발길을 돌려보자. 이곳에서는 붉은 석양과 푸른 바다를 배경으로 쉼 없이 뜨고 내리는 비행기를 바라볼 수 있다. 바닷가에서 글램핑을 즐길 수 있는 유료 숙박시설 스노우피크 오사카 린쿠(スノーピーク大阪りんくう)에서 차분하게 여행을 마무리하는 것도 좋다. 린쿠타운을 충분히 즐기려면 4시간 이상의 시간 여유를 두는 것이 좋다.

INFO.

🕓 10:00~20:00, 식당가 11:00~21:00(2월 셋째 목요일 휴관)
🚆 JR 간사이쿠코선, 난카이 전기철도 난카이쿠코선 린쿠타운역과 도보 10분 직결
*간사이 국제공항-린쿠타운 왕복 셔틀버스 잠정 운휴 중

INFO. 린쿠 프레져타운 시클

🕓 10:00~20:00, 식당가 11:00~22:00, 대관람차 10:00~21:00(티켓 판매 20:30, 마지막 탑승 20:45)
🚆 JR 간사이쿠코선, 난카이 전기철도 난카이쿠코선 린쿠타운역과 도보 5분 직결
↖ seacle.jp

Local Spot

도심 속 휴식처

오사카 사람들이 즐겨 찾는 곳은 어딜까. 공원에서 쉬고, 좁은 골목을 걷다 보면 오사카의 또 다른 매력을 느낄 수 있다. 여행 중 잠시 여행을 떠나보자.

도심 속 오아시스

나카노시마 Nakanoshima

오사카 시청 1-3-20 Nakanoshima, Kita-ku, Osaka-shi
www.osakapark.osgf.or.jp/nakanoshima

나카노시마(中之島)는 도지마강과 토사보리강 사이에 자리한 동서 길이 3km 섬이다. 에도시대에 두 강의 수운 이용을 목적으로 창고가 들어서면서 발전하기 시작해 지금은 오사카의 대표적인 비즈니스 타운이 됐다. 강을 따라 오사카 시청, 오사카시 중앙공회당, 나카노시마 도서관, 일본은행 오사카지점, 미술관 등 고풍스러운 외관의 서양식 건물이 가득하다. 랜드마크인 오사카시 중앙공회당은 1918년 건설된 국가 중요문화재이자 아인슈타인과 헬렌 켈러, 유리 가가린이 강연하기도 한 유서 깊은 장소다. 요즘에도 콘서트, 오페라, 패션쇼, 강연회 등 다양한 행사가 열리며 오사카 시민들의 웨딩 촬영 장소로도 애용되고 있다. 굉장히 넓기 때문에 일정이 촉박하다면, 중앙공회당과 나카노시마 공원 일대만 돌아봐도 충분하다.
나카노시마의 동쪽 끝에는 1891년에 조성된, 오사카 최초의 수상 공원인 나카노시마 장미정원이 있다.
이곳은 이름에 걸맞게 약 310품종 3,700그루의 장미나무가 있다. 넓은 잔디밭에는 휴식을 취하는 시민들이 가득하다. 중앙공회당이 잘 보이는 강변 카페에 앉아 잠시 여유를 가져 보자.
밤이 되면 나카노시마는 화려하게 변신한다. 텐진바시, 나니와바시 등 수많은 명교(名橋)가 불을 밝히고, 크리스마스 트리처럼 반짝이는 빌딩 숲 가운데 밤 22:40까지 라이트업되는 중앙공회당이 눈길을 끈다. 도지마강의 후쿠시마항에서 출항하는 나카노시마 리버 크루즈를 타면 아름다운 석양과 야경을 즐길 수 있다. 매년 12월이 되면 오사카 빛의 르네상스(OSAKA光のルネサンス) 이벤트가 열려 오사카 시청과 중앙공회당의 벽면이 한 폭의 그림처럼 변신한다.

TIP.
❶ 오사카시 중앙공회당(osaka-chuokokaido.jp), 일본은행 오사카지점(boj.or.jp/osaka)은 일부 시설에 한해 무료 견학도 가능하다. 자세한 사항은 홈페이지 참고.
❷ 오사카조코엔역 근처에 위치한 오사카성항에서 출발하는 아쿠아라이너를 타면, 나카노시마 리버크루즈로는 볼 수 없는 중앙공회당, 나카노시마 장미정원, 텐진바시 등을 감상할 수 있다.(suijo-bus.osaka)
❸ 2022년 2월에 리뉴얼을 마친 오사카시립과학관에는 세계적 규모의 천체투영관이 있다. 6K 초고화질로 우주의 신비를 느껴보자.(각 회 45분, 회당 선착순 250명)

INFO. 나카노시마 장미정원
미도스지선 요도야바시역 / 나카노시 마선 나니와바시역 / 사카이스 지선 키타하마역

INFO. 나카노시마 리버크루즈
1-1 Fukushima, Fukushima-ku, Osaka 17:00~21:00(운항 시간 20분, 매시 정각 및 30분 출항)
성인 1,500엔, 중학생~대학생 1,000엔, 초등학생 이하 무료(어른 1명당 1명을 넘는 어린이는 500엔) *주유패스 소지 시 무료, 첫 운항 1시간 전부터 선착장에서 당일 티켓 발매
JR 토자이선 신후쿠시마역 2번 출구에서 도보 5분 / JR 칸조선 후쿠시마역에서 도보 8분 / 케이한 나카노시마선 나카노시마역 6번 출구에서 도보 5분
nakanoshimarc.com/74920
@ipponmatsu0531

INFO. 오사카시립과학관
4-2-1 Nakanoshima, Kita-ku, Osaka 9:30~17:00 (마지막 입장 16:00) *매주 월요일 휴관
성인 400엔, 고등학생·대학생 300엔, 중학생 이하 무료 *주유패스 소지 시 무료, 천체투영관은 별도 성인 600엔, 고등학생·대학생 450엔, 중학생 이하 300엔, 2세 이하 무료 *보호자 필요
오사카메트로 요츠바시선 히고바시역 3번 출구에서 도보 7분
sci-museum.jp
@osakasciencemuseum

plus spot

나카노시마 리버크루즈

나카노시마 일대를 약 20분 동안 둘러볼 수 있는 고급 크루즈다. 코로나 팬데믹으로 중단되었다가 2023년 7월 1일부터 재개되었다. 시원한 도지마가강 바람을 맞으며 아름다운 일몰, 형형색색 조명이 켜진 다리, 강을 따라 늘어선 빌딩, 복고풍 건축물의 야경을 감상할 수 있다. 음식 및 음료 반입도 가능하다. 벚꽃 시즌에는 라이브 음악과 함께 크루즈를 즐길 수 있다.

후쿠시마 항구 1-1 Fukushima, Fukushima-ku, Osaka-shi

JR 토자이선 신후쿠시마역 2번 출구에서 도보 4분 / JR 칸조선 후쿠시마역에서 도보 8분 / 케이한 나카노시마선 나카노시마역 6번 출구에서 도보 5분 7월 1일~12월 24일 토·일요일 14:00~16:30, 18:00~20:30(출발 시간 매시 30분) 성인 1,500엔(성인 1명당 초등학생 이하 1명 무료, 2명부터 1명 추가 500엔) *첫 운항 1시간 전부터 선착장에서 당일 티켓 발매 nakanoshimarc.com @ipponmatsu0531

낡은 주택 사이의 평화로운
카페 골목

나카자키초 Nakazakicho

1-5 Nakazaki,
Kita-ku, Osaka-shi

오피스 빌딩과 사람들로 가득한 우메다 지역과 주택박물관으로 유명한 텐진바시스지로쿠초메의 사이에는 나카자키초(中崎町)라는 작은 주택가가 있다. 카페와 갤러리, 공방이 다수 자리한 예쁜 거리로, 일본 국내는 물론이고 우리나라에서도 꽤 유명한 골목이다. 출입구가 따로 없긴 하지만 타니마치선 나카자키초역에서 나와 인근 지역을 걷다 보면 어느새 거리는 좁아지고 오래된 건물이 하나둘 등장하며 색다른 분위기를 자아낸다. 나카자키초에는 복고풍 카페와 잡화점, 갤러리, 미용실이 많다. 아기자기한 분위기가 가득한 골목에서는 예쁜 소품과 센스 넘치는 낙서, 귀여운 고양이가 여행객을

맞이한다. 길이 거미줄처럼 이어져 있어 목적지를 찾아가기 어려울 수 있지만, 그리 넓은 지역이 아니기에 탐험하는 마음으로 이리저리 거닐어보는 것도 좋다.
바로 옆 동네가 우메다인 만큼 교통이 편하고, 평화롭고 조용한 느낌이라 일본 내에서도 살고 싶은 곳으로 손꼽힌다. 현지인들이 실제 거주하는 주택들도 새로운 현대식 건물보다는 구식 연립주택이나 목조건물이 많아서 수십 년 전의 거리를 걷는 듯한 기분도 든다.
메이지시대까지는 논밭이 펼쳐져 있던 나카자키초는 도시화가 진행되며 주택들이 들어서 거주 지역으로 변모해갔다. 태평양전쟁 시기 공습으로 인근 지역 대부분이 소실되었는데, 이곳만은 운 좋게도 화를 면했다고 한다. 그래서 다른 지역과 달리 옛 주택이 보존될 수 있었고, 높은 접근성까지 겸비한 덕분에 1990년대 후반부터 유명세를 타기 시작했다.

INFO.

🚇 오사카메트로 타니마치선 나카자키초역 4번 출구 일대

TIP.

❶ 우메다에서 주택박물관 쪽으로 갈 때는, 나카자키초를 둘러보며 도보로 이동할 것을 추천한다.
❷ 인근의 우키타(浮田) 일대나 오사카 칸조선 고가철도 아래에도 크고 작은 갤러리나 카페가 많다. 지도상 나카자키초역-오기마치 공원-텐진바시스지로쿠초메역의 삼각지대 안 일대에 넓게 퍼져 있다.

강물 따라 펼쳐진
오사카 최고의 벚꽃길

사쿠라노미야 공원
Sakuranomiya park

Nakanocho, Miyakojima-ku,
Osaka-shi
osakapark.osgf.or.jp

사쿠라노미야 공원(桜之宮公園)은 오카와강 상류부터 하류인 텐마바시까지, 총 길이 4.2km에 걸쳐 조성된 공원이다. 지명에 '벚꽃'이 들어간 것만 봐도 알 수 있듯, 이곳은 에도시대 때부터 벚꽃 명소였다. 오카와강을 따라 벚꽃길을 걸으며 멀리 오사카성 천수각도 감상할 수 있는, 그야말로 오사카 최고의 벚꽃길이라 해도 과언이 아니다. 3~4월 하나미(花見, 꽃놀이) 시즌이 되면 맥주와 바비큐를 즐기는 오사카 시민들로 가득하다.
오사카 조폐국 내에 있는 '사쿠라노토오리누케(桜の通り抜け)'는 매년 일주일만 무료 개방되는데, 약 130종 350그루의 화려한 벚나무 군락을 보기 위해 매년 백만 명에 가까운 관람객이 이곳을 찾는다. 벚꽃 감상을 마치면 조폐국 바깥에 늘어선 수백 대의 야타이(일본식 포장마차)에서 오사카 명물인 타코야키를 먹으며 축제 기분을 만끽하자.
벚꽃철이 아니더라도 산책하기에 좋으며, 볼거리도 많다. 공원 중앙에 있는 오사카 후레아이노 미즈베(大阪ふれあいの水辺)는 강변이 해수욕장 모래사장처럼 정비돼 있어 맨발로 모래를 밟고 강물에 손을 담그며 휴식을 취할 수 있다. 공원 남쪽에 자리한 구 후지타 저택

정원(旧藤田邸庭園)은 오사카 지정 명승지로 지정될 만큼 유서 깊은 건물이자 아름다운 일본식 정원으로 유명하다(개방 시간 10:00~16:00, 무료 입장).
일본의 3대 축제인 텐진 마츠리의 하이라이트를 감상할 수 있는 곳이기도 하다. 매년 7월 25일에 이곳을 찾으면 오카와강을 거슬러 올라가는 수백여 척의 선단 행렬과 화려한 불꽃놀이를 즐길 수 있다. 하지만 교통이 마비될 정도로 인파가 몰리므로 관람을 원한다면 당일 일정을 여유 있게 잡아야 한다.

INFO. 사쿠라노미야 공원
JR 칸조선 사쿠라노미야역 서쪽 출구 / JR 토자이선 오사카조키타즈메역 3번 출구 / 오사카메트로 타니마치선, 케이한혼선 텐마바시역 2번 출구로 나와 텐마바시를 건너 오른쪽으로 강변을 따라 도보 5분

INFO. 조폐국 사쿠라노 토오리누케
1-1-79 Tenma, Kita-ku, Osaka-shi 10:00~20:00, 주말 9:00~20:00 *정확한 개최일과 예약은 매년 3월 중순 홈페이지 공지
050-3615-6332
오사카메트로 타니마치선, 케이한혼선 텐마바시역 2번 출구로 나와 텐마바시를 건너 오른쪽으로 강변을 따라 도보 5분
mint.go.jp

TIP.
❶ 사쿠라노미야역에서 강을 따라 남쪽으로 텐마바시역 부근까지 걷는 코스를 추천한다.
❷ 아쿠아 미니(アクアmini) 오사카 조오하나미크루즈(大阪城お花見クルーズ), 오카와 사쿠라 크루즈(大川さくらクルーズ) 등 벚꽃철 한정으로 운영하는 유람선을 타고 벚꽃을 즐기는 방법도 있다. 특히, 오카와 사쿠라 크루즈는 주유패스 이용 시 무료.

럭셔리한 쇼핑과
스타일리시한 카페

미나미센바
Minami Senba

오사카 농림회관 3-2-6
Minamisenba, Chuo-ku,
Osaka-shi
osaka-norin.com

오사카의 지도를 잘 들여다보자. 신사이바시역과 나카노시마 사이, 마치 바둑판처럼 잘 정리된 곳이 바로 미나미센바(南船場)다. 전쟁을 하던 곳(戦場), 말을 씻기던 곳(洗馬)에서 이름이 유래했다는 설도 있지만 과거에 선착장(船場)이 있었다는 설이 가장 유력하다. 센바의 남쪽 일대를 미나미센바라고 부르는데, 범위를 넓게 잡으면 혼마치역, 사카이스지혼마치역, 신사이바시역, 나가호리바시역 4개 역이 만드는 사각형 일대이다. 오늘날 이곳은 오사카에서도 손꼽히는 쇼핑 스트리트이자, 1900년대 초중반에 지어진 근대 건축물 사이로 갤러리, 레스토랑, 카페가 밀집한 핫 플레이스다. 해외 고급 브랜드의 액세서리와 의류 매장이 많아 아메리카무라나 호리에보다 방문객 연령층이 높은 편이다.
가장 '미나미센바스러운' 곳을 추천하자면 단연 오사카 농림회관(大阪農林会館)이다. 1930년에 지어진 이 건물은 겉보기에도 레트로한 느낌이 물씬 풍긴다. 계단, 시계, 창문 등 어디를 봐도 세월의 흔적이 엿보이며 마치 영화 세트장 같다. 이 건물에는 이탈리안 레스토랑, 갤러리, 헤어살롱, 쥬얼리숍 등 감각적이고 트렌디한 가게가 다수 입점해 있다. 특히 스트라토를 비롯하여 패션 피플들에게 잘 알려진 편집숍들이 많아 패션에 관심 있다면 놓칠 수 없는 곳이다.
일본 내 미디어에도 자주 소개되는 편이고 해외에도 잘 알려져 있지만, 우메다와 도톤보리라는 오사카 핵심 관광지 사이에 위치한 탓에 관광객들은 미나미센바를 건너뛰는 경우가 많다. 하지만 오히려 그렇기 때문에 느긋하고 여유롭게 현지의 느낌을 느낄 수 있다는 장점이 있다.

INFO.

🚇 오사카메트로 미도스지선 신사이바시역 1번 출구에서 도보 5분 / 오사카메트로 사카이스지선 나가호리바시역 2번 출구에서 도보 5분

TIP.

❶오사카 농림회관 외에도, 미나미센바에는 센바 빌딩(船場ビルディング), 사카이스지구락부(堺筋倶楽部) 등 다이쇼-쇼와시대의 건물들이 다수 산재해 있다. 이들 대부분은 문화재로 지정돼 있고 내부를 견학할 수도 있다. 아예 카페나 레스토랑, 갤러리로 운영하기도 한다. 근대 건축물에 관심 있다면 둘러보기를 추천.
❷ 혼마치역과 사카이스지역 사이에는 길이 약 1km의 대형 쇼핑가, 센바 센터 빌딩(船場センタービル)이 있다. 800여 개의 점포 중에는 저렴한 도매상점이 많은 것이 특징. 지하 식당가에는 현지 직장인들이 많이 찾는 맛집도 많다. (semba-center.com)

Walk and Walk

걸으면 걸을수록 오사카

오사카 도심 속에서도 느긋하게 산책을 즐길 수 있다. 밤이 되면 조명으로 빛나는 미도스지, 걷는 것만으로도 기분이 좋아지는 카페 거리 호리에와 카라호리는 오사카의 진짜 모습을 느낄 수 있는 곳이다.

우메다와 도톤보리를 직결하는
오사카의 대동맥

미도스지 Midosuji

midosuji.biz

북쪽의 번화가인 우메다 지역과 남쪽의 도톤보리를 남북으로 직결하는 오사카의 핵심 교통로이자, 오사카 행정의 중심지이다. 일본의 근현대사를 관통하는 흔적들이 가득한 곳으로 '일본의 길 100선'에도 선정된 바 있는, 오사카를 대표하는 거리다. 미도스지(御堂筋) 영역권 내에는 오사카역과 난바역, 나카노시마, 신사이바시와 아메리카무라, 미나미센바 등 오사카 내 유명 관광지가 모두 연결되어 있다. 대로변에는 세계적인 명품 브랜드숍과 함께 오사카 시청, 일본은행 오사카 지점, 다이마루 백화점 등 유서 깊은 건물들이 어우려져 있다. 이용객들이 자부심까지 느낄 정도로 유명한 노선인 미도스지선까지 자리해 있어 지역 일대가 여러모로 오사카의 척추로 불릴 만하다. 1,000여 그루의 은행나무로 이루어진 은행나무길은 연중 내

콘서트, 벼룩시장, 사진전 같은 다양한 이벤트는 물론이고 오사카 국제 마라톤 대회나 퍼레이드 등 오사카의 굵직한 행사들이 치러지는 무대이다. 12월이 되면 일루미네이션 행사가 열려 화려한 야경도 즐길 수 있다.

INFO.

북쪽은 미도스지선 우메다 요도야바시 역 / 남쪽은 신사이바시 난바 역

TIP. 전 지역을 걷는 것이 부담스럽다면, 신사이바시역 1번 혹은 3번 출구로 나와 남쪽 방면의 난바역까지 걷는 코스를 추천한다. 명품 거리와 OPA빌딩, 다이마루백화점, 애플스토어 등이 이어져 쇼핑하기에도 좋다.

plus spot

미도스지 일루미네이션

오사카의 대표 거리 미도스지를 화려하고 부드러운 빛으로 감싸는 대규모 일루미네이션으로 20년 역사를 자랑한다. 우메다에서 난바까지의 구간이 형형색색 일루미네이션으로 빛난다. 일본 사람들은 물론 전 세계인들이 찾는 곳이며 4km 최장 구간은 2015년 1월 세계 기록으로 인증을 받기도 했다.
미도스지 가로수에 장식된 일루미네이션은 음악에 맞춰 움직인다. 스마트폰으로 사이트에 접속하면 2분간 오리지널 음악에 맞춰 변하는 일루미네이션을 감상할 수 있다. 구간별로 서로 색이 달라 풍부한 색채를 느낄 수 있으며 근처 빌딩과 신사, 호텔들도 일루미네이션에 참가한다. 2023년 11월 3일부터 2024년 1월 31일까지 진행된다.

hikari-kyoen.com
hikari_kyouen

카페가 어우러져 여유 가득한 거리

호리에 Horie

호리에 공원 1-13 Minamihorie, Nishi-ku, Osaka-shi
호리에 지역 웹 B매거진 horiestyle.jp

톡톡 튀고 강렬한, 클럽 문화 느낌이 강한 아메리카무라가 다소 부담스럽다면 조금 더 서쪽의 호리에(堀江)로 발걸음을 옮겨보자. 오렌지 스트리트로 유명한 호리에가 기다리고 있다. 10대부터 20대까지 혈기왕성한 청춘남녀들이 아메리카무라를 찾는다면, 호리에는 2030 직장인들이 휴식과 쇼핑을 즐기기 위해 찾는 곳이다. 호리에 공원을 기준으로 북쪽의 키타호리에와 남쪽의 미나미호리에로 나뉘는데, 일반적으로 호리에는 미나미호리에를 가리킨다.

도톤보리나 아메리카무라에 비해 면적이 넓으므로, 업종에 따라 돌아볼 지역을 구분하는 것도 하나의 방법이다. 메인 스트리트인 오렌지 스트리트 주변에는 인테리어 전문숍과 옷가게가 이어지고, 키타호리에 지역에는 카페나 레스토랑이 중심을 이룬다. 위층에는 잡화를 판매하고 아래층에는 레스토랑을 함께 운영하는 형태의 가게도 많다. 어느 곳이든 관심이 간다면 마음 편하게 들어가보자. 도톤보리 강을 건너 남쪽 연안을 따라 이어지는 사이와이초(幸町)에도 세련된 편집숍이나 이자카야가 많으니 함께 둘러봐도 좋다.

INFO.

오사카메트로 요츠바시선 요츠바시역 6번 출구에서 오른쪽으로 도보 3분 / 오사카메트로 나가호리츠루미료쿠치선 니시오하시역 4번 출구에서 왼쪽 뒤로 도보 3분

느긋한 복고풍 거리와 장난감 천국

카라호리 Karahori

6-14-14 Tanimachi, Chuo-ku, Osaka-shi
matuyamati.com

태평양전쟁 당시 대규모 공습으로 오사카는 많은 피해를 입었다. 하지만 공습을 피해 오늘날까지 옛 정취를 고스란히 간직한 지역들도 있는데, 대표적인 곳이 키타구의 나카자키초와 츄오구의 카라호리(空堀)다.
카라호리는 나카자키초처럼 관광객으로 가득한 번화가와는 완전히 다르다. 한적하고 스타일리시한 카페 골목은 느긋한 여유를 자아내고, 현지인들의 일상이 묻어나는 전통시장 카라호리 상점가 역시 조용히 둘러보기에 좋다.
이곳에는 새로 입점한 가게보다 오랫동안 살아온 주민들이 자택에서 가게를 운영하는 마치야가 많다. 마츠야마치역 네거리에서 남북으로 이어진 마츠야마치스지에는 장난감 도매 거리인 맛챠마치스지(まっちゃまち筋)가 자리한다. 인형, 장난감, 마츠리 용품 전문 도매상이 밀집해 있어 방문객들의 흥미를 자극한다. 맛챠마치스지를 모두 돌아볼 여유가 없다면, 마츠야마치역 1번 출구 앞에 있는 마스무라닌교텐(増村人形店)만이라도 둘러보자.

INFO.

오사카메트로
나가호리츠루미료쿠치선 마츠야마치역(松屋町駅) 3번 출구 동쪽 일대

TIP. 카라호리는 꽤 면적이 넓은 데다 오사카의 다른 지역과 달리 오르막길이 많다. 편하고 여유로운 여행을 위해서는 자전거를 대여하는 것도 방법이다. 마츠야마치역 3번 출구 인근, '렌(練)' 1층의 우에마치 자전거(うえまち貸自転車)에서 자전거를 빌려준다(여권 등 신분증 필요, 영업 시간 11:00~17:00, 수요일 휴무).

Special Experience

때론 특별한 게 좋아

오사카를 즐기는 방법은 무궁무진하다. 500년 전 범선을 타고 만나는 오사카의 아름다운 일몰, 오래된 노면 전차를 타고 느끼는 레트로 감성, 112m 높이에서 내려다 보는 아카시 해협의 짜릿함까지. 더욱 특별한 오사카를 만나보자.

오사카를 여행하는 또 하나의 이유

유니버설 스튜디오 재팬 UNIVERSAL STUDIOS JAPAN

2-1-33 Sakurajima, Konohana-ku, Osaka-shi
usj.co.jp
@universal_studios_japan

유니버설 스튜디오 재팬(이하 USJ)은 2019년 연간 입장객 수가 약 1,400만 명을 돌파했을 정도로 도쿄 디즈니랜드와 더불어 일본을 대표하는 '월드 클래스' 테마파크다. 〈해리 포터〉, 〈쥬라기 공원〉, 〈스파이더맨〉을 비롯한 할리우드 블록버스터 영화를 테마로 한 라이드, 애니메이션과 게임 속 모습을 그대로 재현한 4D 어트랙션, 대규모 스케일의 수상 스턴트 쇼 등 즐길거리가 가득하다. 최근에는 슈퍼 닌텐도 월드가 개장해 화제를 모으고 있고, 〈도라에몽〉, 〈코난〉 같은 일본 유명 작품과의 컬래보 이벤트도 끊이지 않는다. 여름에는 모두가 물을 뿌리며 춤을 추는 쿨링타임과 좀비나이트, 9월부터는 핼러윈 시즌, 겨울에는 크리스마스까지 1년 내내 다채로운 행사가 이어진다.
USJ는 총 10개의 에이리어로 나누어져 있다. 거대한 지구본을 지나 입장하면, 1930년대의 할리우드가 재현된 할리우드 에어리어가 나타난다. 이곳에서는 역주행하는 롤러코스터, 할리우드 드림 더 라이드 백드롭이 유명하다. 애니메이션 〈씽〉의 캐릭터들이 펼치는 라이브 쇼도 놓치기 아깝다. 각종 기념품숍도 밀집해 있으니 입장한 뒤 여기서 일행과 캐릭터 복장을 맞춰 입고, 일정을 마친 뒤에는 기념품 쇼핑을 즐기자.
할리우드 에이리어 옆에는 어메이징 어드벤쳐 오브 스파이더맨 더 라이드 4K3D를 즐길 수 있는 뉴욕 에이리어가 있다. 미국의 항구 마을을 재현한 샌프란시스코 에이리어 뒤에 자리한 미니언 파크에서 미니언들과 함께 라이드 어트랙션을 타고, 미니언 굿즈도 만나보자.
상상을 초월하는 스릴의 플라잉 코스터, 더 플라잉 다이너소어를 즐기는 사람들의 비명이 들린다면 쥬라기 공원 에이리어에 도착한 것이다. 보트를 타고 폐허가 된 쥬라기 공원을 탐험하다 25m 아래로 급강하하는 어트랙션도 인기 만점이다. 물에 흠뻑 젖을 수 있으니 유의할 것. 바로 옆에는 워터 월드 에이리어가 있는데, 약 3,000석 규모의 거대 아레나에서 박진감 넘치는 수상 스턴트 쇼를 감상하자. 쇼가 끝나면 애머티 빌리지 에이리어의 거대한 죠스와 인증숏을 찍고, 가이드와 함께 영화 〈죠스〉의 무대로 떠나자.
유니버설 원더랜드는 아이와 함께 온 가족이 즐길 수 있는 패밀리 에이리어다. 날아라 스누피, 엘모의 고고 스케이드보드 등 귀여운 어트랙션이 동심을 유혹한다. 아이와

함께 줄을 서기 힘들 때는, 원하는 탑승 시간을 지정하는 '예약 탑승' 서비스를 이용하자.
유니버설 원더랜드 입구 옆에는 위저딩 월드 오브 해리 포터 에이리어의 입구가 있다. USJ의 간판 에이리어 중 하나인 이곳에서는 거대한 규모의 호그와트성과 호그스미드 마을을 탐험하며 영화 속 마법 세계를 누빌 수 있다.
2021년 개장한 슈퍼 닌텐도 월드 에이리어는 슈퍼 마리오 게임 속으로 직접 들어온 듯한 착각이 들 정도로 압도적인 스케일과 생생함을 자랑한다. 슈퍼 마리오 원작자인 미야모토 시게루가 직접 설계에 참여했을 정도로 공을 들인 곳이다. 메인 어트랙션은 '마리오 카트: 쿠파의 도전장'이다. AR을 접목한 라이드를 타고 마리오와 함께 레이싱을 즐겨 보자. 요시 어드벤처를 타면 에이리어 전체를 감상하고 촬영하기에 좋다. 파워업 밴드를 구입해 앱과 연동하고,

에이리어 곳곳의 블록을 두드려 코인을 얻으며 미션을 수행하자. 이곳에서만 먹을 수 있는 먹거리도 놓칠 수 없다. 키노피오 카페에서 마리오 버거, 쿠파 함박 스테이크, 피치공주의 케이크를 맛보자.

모든 시설을 이용할 수 있는 자유이용권이기도 한 입장권(스튜디오 패스)은 1일권 성인 기준으로 8,600엔이라 다소 비싸지만, 많은 어트랙션과 공연의 완성도가 매우 높으므로 그만한 가치가 있다.

문제는 긴 대기 시간이다. 주말보다는 평일이 낫고, 오사카 시내에 큰 행사가 있으면 더 한산하지만 인기 어트랙션을 타려면 몇 시간이나 기다리는 일도 다반사다. 입장권을 미리 구입하고, 개장 1시간 전에 입구에 도착해서 대기하다가 오픈과 동시에 원하는 어트랙션으로 달려간다면 그나마 대기 시간이 짧아지는데 쉬운 일은 아니다. 이런 상황을 피하고 싶다면 '유니버설 익스프레스 패스'를 이용하자. 우선 입장이 가능한 티켓으로, 몇 시간의 대기줄이 단 몇 분으로 줄어든다. 익스프레스 패스에는 여러 종류가 있다. '유니버설 익스프레스 패스7'처럼 이름에 이용할 수 있는 어트랙션의 수가 붙은 것이 일반적이다.

INFO.

🕒 8:00, 8:30~21:30, 22:00(예고 없이 변경되기도 하니 운영 시간 및 쇼와 어트랙션 운휴 정보는 홈페이지 확인 필수)

🚆 JR 사쿠라지마선(별칭 '유메사키선') 유니버설시티역 직결 *JR 칸조선 니시쿠조역에서 유니버설시티 방면 열차로 환승

TIP. ❶ 당일 현장에 가서 티켓을 구입하려고 매표소에서 기다리며 시간을 버리지 말고, 한국에서 미리 구입해서 가자. 하나투어, 와그(WAUG), 마이리얼트립, 클룩(KLOOK), 케이케이데이(KKday), 투어비스(TOURVIS) 홈페이지에서 구입할 수 있다.

❷ USJ 홈페이지에서는 학생 할인, 생일 할인, 연간 패스, 퍼레이드 특별 감상 에이리어 입장권, VIP 투어권 등 다양한 티켓을 판매한다. 시즌과 이벤트에 따라 판매하는 티켓이 변경되므로 꼭 확인하자.

❸ 점심 시간에 식당에서 줄을 서다가 시간을 허비하기 아깝다면, 아래의 네 레스토랑을 이용하자. 사전에 USJ 홈페이지에서, 혹은 당일 9:00 레스토랑을 방문해 내점 시간을 1시간 단위로 예약하면 우선적으로 안내 받을 수 있다.

❹ 일본 여행사 JTB를 통해 USJ 파트너 호텔 8곳에서 얼리 파크인 포함 상품으로 예약하면 개장 시간보다 15분 일찍 입장할 수 있다. 숙박비가 저렴하진 않지만 잘 이용한다면 익스프레스 패스를 사지 않아도 될 정도로 이득이다. 홈페이지(jtb.co.jp)에서 메인화면 배너를 클릭한 뒤 번역기를 이용해 예약하자(입장 전날 개장 시간을 꼭 확인한 뒤, 전용 입장구로 가야 한다).

*얼리 파크인 플랜이 있는 USJ 파트너 호텔: 오리엔탈 호텔 유니버설 시티, 더 싱귤러리 호텔 & 스카이스파 앳 유니버설 스튜디오 재팬, 더 파크 프런트 호텔 앳 유니버설 스튜디오 재팬, 호텔 킨테츠 유니버설 시티, 호텔 게이한 유니버설 타워, 호텔 유니버설 포트, 호텔 유니버설 포트 비타, 리베르 호텔 앳 유니버설 스튜디오 재팬

❺ USJ를 편하게, 제대로 즐기기 위해서는 공식 앱 '유니버설 스튜디오 재팬'이 반드시 필요하다. 어트랙션 대기 시간 확인, 쇼 & 페스티벌 스케줄, 레스토랑 등 공원 시설 안내, 즐겨찾기 등록, e정리권 발권까지 가능하다.

❻ 한 명씩, 라이드의 빈 좌석을 이용할 수 있는 싱글 라이더로 대기 시간을 줄이자.

*싱글 라이더 가능한 어트랙션: 마리오 카트: 쿠파의 도전장, 해리 포터 앤드 더 포비든 저니, 미니언 메이헴, 엘모의 고고 스케이트보드, 할리우드 드림 더 라이드, 스페이스 판타지 더 라이드, 어메이징 어드벤처 오브 스파이더맨 더 라이드 4K3D, 더 플라잉 다이너소어, 쥬라기 공원 더 라이드, 죠스

plus information

유니버설 스튜디오 재팬 패스

스튜디오 패스

종류	12세 이상	4~11세	65세 이상
1데이 스튜디오 패스	8,600엔~	5,600엔~	7,700엔~
트와일라이트 패스 (15:00부터)	6,000엔~	3,900엔~	
1.5데이 스튜디오 패스 (첫째 날은 15:00부터)	13,100엔~	8,600엔~	
2데이 스튜디오 패스	16,300엔~	10,600엔~	

유니버설 익스프레스 패스

유니버설 익스프레스 패스 프리미엄	·슈퍼 닌텐도 월드 에이리어 입장 확약권 ·위저딩 월드 오브 해리 포터 에이리어 입장 확약권 ·총 13개의 어트랙션 ①마리오 카트: 쿠파의 도전장 ②요시 어드벤처 ③해리 포터 앤드 더 포비든 저니 ④플라이트 오브 더 히포그리프 ⑤더 플라잉 다이너소어 ⑥할리우드 드림 더 라이드 백드롭 ⑦씽 온 투어 ⑧미니언 하차메차 라이드 ⑨어메이징 어드벤처 오브 스파이더맨 더 라이드 4K3D ⑩할리우드 드림 더 라이드 ⑪쥬라기 공원 더 라이드 ⑫죠스 ⑬도라에몽 XR 라이드 노비타와 하늘의 유토피아	14,700~ 40,900엔
유니버설 익스프레스 패스7 리미티드 & 버라이어티	·슈퍼 닌텐도 월드 에이리어 입장 확약권 ·위저딩 월드 오브 해리 포터 에이리어 입장 확약권 ·총 7개의 어트랙션 ①주술회전 더 리얼 4-D(기간 한정) ②마리오 카트: 쿠파의 도전장 ③요시 어드벤처 ④해리 포터 앤드 더 포비든 저니 ⑤플라이트 오브 더 히포그리프 ⑥어메이징 어드벤처 오브 스파이더맨 더 라이드 4K3D ⑦할리우드 드림 더 라이드 or 죠스 중 택일	10,800~ 23,800엔

유니버설 익스프레스 패스7 도라에몽 XR 라이드	·슈퍼 닌텐도 월드 에이리어 입장 확약권 ·위저딩 월드 오브 해리 포터 에이리어 입장 확약권 ·총 7개의 어트랙션 ①주술회전 더 리얼 4-D (기간 한정) ②마리오 카트: 쿠파의 도전장 ③요시 어드벤처 ④해리 포터 앤드 더 포비든 저니 ⑤플라이트 오브 더 히포그리프 ⑥어메이징 어드벤처 오브 스파이더맨 더 라이드 4K3D ⑦할리우드 드림 더 라이드 or 죠스 중 택일	10,800~ 23,800엔
유니버설 익스프레스 패스7	·슈퍼 닌텐도 월드 에이리어 입장 확약권 ·위저딩 월드 오브 해리 포터 에이리어 입장 확약권 ·총 7개의 어트랙션 ①마리오 카트: 쿠파의 도전장 ②요시 어드벤처 ③해리 포터 앤드 더 포비든 저니 ④플라이트 오브 더 히포그리프 ⑤도라에몽 XR 라이드 노비타와 하늘의 유토피아(기간 한정) ⑥미니언 하차메차 라이드 ⑦할리우드 드림 더 라이드 or 죠스 중 택일	10,800~ 23,800엔
유니버설 익스프레스 패스7 씽 온 투어 & 도라에몽 XR 라이드	·슈퍼 닌텐도 월드 에이리어 입장 확약권 ·위저딩 월드 오브 해리 포터 에이리어 입장 확약권 ·총 7개의 어트랙션 ①마리오 카트: 쿠파의 도전장 ②요시 어드벤처 ③해리 포터 앤드 더 포비든 저니 ④플라이트 오브 더 히포그리프 ⑤도라에몽 XR 라이드 노비타와 하늘의 유토피아(기간 한정) ⑥씽 온 투어 ⑦할리우드 드림 더 라이드 or 죠스 중 택일	10,800~ 23,800엔

바다도 보고, 먹자골목에서 먹고, 대관람차도 타고

덴포잔 하버빌리지
Tempozan Harbor Village

1-1-10 Kaigandori, Minato-ku,
Osaka-shi
kaiyukan.com

덴포잔 하버빌리지(天保山ハーバービレッジ)는 가이유칸과 덴포잔 마켓 플레이스, 덴포잔 대관람차, 범선형 관광선 산타마리아 호 등 다양한 시설이 갖추어진 일종의 테마파크이다. 모든 시설을 즐기는 데에 하루 종일 걸릴 정도로 다양한 볼거리와 먹거리가 마련돼 있다. 바다 맞은편의 유니버설 스튜디오 재팬과 더불어 오사카 항만 지역 여행을 책임지고 있는 곳이다.
덴포잔 마켓 플레이스는 가이유칸과 대관람차 사이에 위치한다. 오사카의 특산물이나 캐릭터 상품, 패션, 푸드코트 등 80여 개의 점포가 성업 중이다. 카피바라 등 다양한 동물을 만져볼 수 있고 간식도 줄 수 있는 실내 미니 동물원인 덴포잔 아니파(天保山アニパ)와 레트로 먹자골목인 나니와쿠이신보 요코초(なにわ食いしんぼ横丁), 레고랜드 디스커버리센터 오사카 등 독특하고 유명한 시설이 입점해 있어 언제나 방문객이 많다.
나니와쿠이신보 요코초는 번성하던 1960년대의 오사카 거리를 재현해 놓은 먹자골목이다. 타코야키, 이카야키, 쿠시카츠 등 오사카의 명물 먹거리를 레트로한 분위기에서 맛볼 수 있다. '나니와'는 오사카의 옛 이름, '쿠이신보'는 '먹보', '요코초'는 '골목'을 의미한다.

레고랜드 디스커버리센터 오사카는 어린이부터 어른까지 모든 연령층이 사랑하는 레고 천국이다. 오사카의 명소들을 100만 개 이상의 블록으로 재현한 미니랜드, 레고 블록이 어떻게 만들어지는지 알려주는 레고팩토리, 4D 시네마, 슈팅 게임 등 온가족이 함께 즐길 수 있는 다양한 어트랙션이 있는 레고 테마파크라 할 수 있다.
마켓 플레이스 옆의 덴포잔 대관람차도 놓칠 수 없다. 최고 112.5m의 높이를 자랑하며, 맑은 날에는 아카시 해협 대교와 간사이 국제공항까지 보인다. 바닥이 투명해 하늘에 떠 있는 듯한 느낌이 드는 시스루 곤돌라는 인기가 높아 따로 줄을 서야 한다(요금은 일반과 동일). 밤이 되면 화려한 LED 조명으로 오사카의 밤하늘을 아름답게 수놓는다.

INFO. 덴포잔 마켓 플레이스
11:00-20:00(영업 시간 변경 가능) *비정기 휴무
오사카메트로 츄오선 오사카코역 1번 출구에서 도보 6분

INFO. 덴포잔 아니파
11:00~17:00(마지막 접수 16:00) *매주 목요일 휴무
13세 이상 660엔, 4~12세 330엔 *가이유칸 및 덴포잔 대관람차 티켓 제시하면 소비세 10% 할인 *미취학 아동은 20세 이상 보호자 동반 필요
@tenpozan.anipa

INFO. 덴포잔 대관람차
10:00~21:00, 주말 10:00~22:00(마지막 접수 영업 종료 15분 전) *가이유칸과 휴무일 동일
3세 이상 800엔, 2세 이하 무료 *미취학 아동 16세 이상 보호자 동반 필요
오사카메트로 츄오선 오사카코역 1번 출구에서 도보 6분
tempozan-kanransya.com

plus spot

레고랜드 디스커버리센터 오사카

덴포잔 마켓 플레이스 내에 위치한 곳으로 아이들이 있는 가족 여행자, 특별한 체험을 즐기고픈 여행자들에게 추천한다. 레고로 만든 오사카성, 도톤보리 등 오사카의 랜드마크는 물론이고 다양한 레고를 테마로 만든 놀이기구와 체험 공간도 마련되어 있다. 레고를 테마로 한 4D 영상도 즐길 수 있다. 오사카 주유패스 소지 시 무료 이용 가능하다. 혼잡 시에는 예약자 입장도 지연될 수 있다.

3F, 1-1-10, Kaigandori, Minato-ku, Osaka-shi
10:00~18:00(마지막 입장 16:00) *비정기 휴무 사전 예약 2,200엔, 당일권 2,800엔, 2세 이하 무료 *사전 예약은 홈페이지에서 가능 *성인(16세 이상)만, 어린이(15세 이하)만 입장 불가 *주유패스 소지 시 무료(평일 한정) legoland discoverycenter.com/osaka
@ldcosaka

500년 전 범선에서 즐기는 오사카항의 일몰

산타마리아호 Santamaria

1-1-10 Kaigandori, Minato-ku, Osaka-shi
suijo-bus.osaka/intro/santamaria

덴포잔 하버빌리지에서는 크리스토퍼 콜럼버스가 대서양을 횡단했던 배를 2배 크기로 복원한, 범선형 관광선 산타마리아(サンタマリア)를 타고 오사카항 일대의 바다를 누빌 수 있다. 고풍스러운 외관의 배와 오사카항의 일몰이 근사하게 어우러진다는 점에서 방문할 이유는 충분하다.

700~800명의 승객을 수용할 수 있는 만큼, 출항 전 줄이 길게 늘어서 있더라도 겁먹을 필요 없다. 하지만 갑판 등 바다가 잘 보이는 곳을 차지하기 위한 경쟁이 치열하므로 줄을 잘 서는 센스는 필요하다. 배의 1층에 자리한 콜럼버스의 방(Sala de Colum)에는 콜럼버스에 대한 자료와 대항해시대의 물건 등이 전시돼 있다. 2층에는 식당이 있어 간단한 음식과 함께 바다 전경을 즐길 수 있다.

범선형 관광선 산타마리아는 주간 매 정시에 출항하는 데이 크루즈와 일몰 시간에 출항하는 트와일라이트 크루즈로 나뉘어 운행한다. 데이 크루즈는 45분간 시원한 바람을 맞으며 오사카항 일대를 돌아본다.

트와일라이트 크루즈는 예약제로 운영되며 60분간 타오르는 일몰과 눈부신 야경을 즐길 수 있다. 일본에서도 흔치 않게 서쪽을 향해 있는 대형 항구인 오사카항에서 아름다운 일몰을 만끽해보자.

INFO. 산타마리아호

데이 크루즈(45분) - 성인 1,600엔, 초등학생 800엔(보호자 1명당 유아 1명 무료) *홈페이지에서 사전 구매하면 20% 할인 / 트와일라이트 크루즈(60분, 기간 한정) - 성인 2,100엔, 초등학생 1,050엔(보호자 1명당 유아 1명 무료) *주유패스 소지 시 무료(데이 크루즈, 트와일라이트 크루즈 중 택1)

오사카메트로 츄오선 오사카코역 1번 출구에서 도보 10분 (덴포잔 하버빌리지 서쪽에 있는 니시하토바에서 승선)

TIP.

❶ 세트로 구입하면 저렴해지니 자신의 일정에 맞게 미리 알아보자(성인 기준).
가이유칸(2,700엔) + 산타마리아 데이 크루즈(1,600엔) = 3,700엔(600엔 할인)
덴포잔 대관람차(800엔) + 산타마리아 데이 크루즈(,1600엔) = 2,100엔(300엔 할인)
레고랜드 디스커버리센터 오사카(2,800엔) +산타마리아 데이 크루즈(1,600엔) = 3,300엔(1,100엔 할인)

❷ 덴포잔 대관람차와 범선형 관광선 산타마리아를 타고 야경을 즐기고픈 커플이라면 로맨틱 페어 티켓(ロマンティック·ペアチケット)을 추천.
덴포잔 대관람차 2명(1,600엔) + 산타마리아 트와일라이트 크루즈 2명(4,200엔) = 4,400엔 (1,400엔 할인)

낡은 노면전차에서 바라보는 차창 밖의 오사카

한카이 전차 Hankai Line

텐노지에키마에 1-5 Abenosuji, Abeno-ku, Osaka-shi
hankai.co.jp
@hankaiofficial

노면전차는 당시 시대상을 완성하는 하나의 클리셰다. 우리나라에서는 보기 힘든 노면전차를 오사카에서 만나보자. 오사카시와 사카이시를 연결하는 한카이 전기궤도, 약칭 한카이 전차(阪堺電車)는 현지인들에게는 평범한 통근 수단이지만 여행객에게는 색다른 경험을 선사한다.
한카이 전차의 전신은 1897년에 설립된 오사카 마차철도다. 역사가 오래된 만큼 90년 이상의 연륜을 자랑하는 클래식한 차량과 현대적인 디자인의 최신 차량이 모두 운행 중이다. 노면전차를 좋아하는 여행자라면 전차를 구경하기만 해도 재미있을 것이다. 대부분의 정류장은 작고 조용한 무인 정류장이므로 번화가에 지친 여행객이나 사진 애호가들에게는 더없이 좋은 여행 수단이다.
노선으로는 혼선과 우에마치선이 있다. 스미요시토리이마에(住吉鳥居前) 정류장에서 내리면

스미요시타이샤(住吉大社) 신사에 편리하게 갈 수 있다. 하지만 그 외에는 유명 관광지가 없다는 것이 단점이다. 일정상 종점까지 이동하기 부담스럽다면, 환승지정역인 스미요시(住吉)나 아비코미치(我孫子道) 정류장에서 운임을 지불하고 환승권을 받은 뒤 도심에 돌아오면 된다.

INFO.
5:38~ 23:35(텐노지에키마에역 기준)
성인 230엔, 소아 120엔(1회 승차 기준)
오사카메트로 미도스지선·타니마치선, JR 칸조선 텐노지역 남쪽 출구에서 보도교 직결(텐노지에키마에 기준)

TIP. 1일 무제한 탑승권에는 두 종류가 있다.
① 앱스토어에서 RYDE PASS를 다운로드하고, 앱 내에서 한카이 전차 트립티켓(阪堺電車トリップチケット)을 결제한 뒤 하차 시 승무원에게 티켓 화면을 보여주면 된다. 성인 600엔, 소아 300엔. 츠텐카쿠 100엔 할인 등 각종 할인 특전도 포함돼 있다.
② 테쿠테쿠킷푸(てくてくきっぷ)를 각 노선 종점이나 기사에게 구입해 원하는 날짜를 골라서 긁으면 해당 일에 사용 가능하다. 성인 600엔, 소아 300엔.

Museum & Zoo

박물관과 동물원

일본 역사와 자연을 한눈에 보고 경험하고 싶다면 오사카시립자연사박물관과 오사카역사박물관, 텐노지 동물원을 방문해 보자. 아이를 동반한 가족 여행자라면 꼭 들러보기 바란다.

오사카의 역사 속으로
여행을 떠나자

오사카역사박물관
Osaka Museum of History

4-1-32 Otemae, Chuo-ku, Osaka-shi
mus-his.city.osaka.jp
@osaka_museum_of_history

오사카성 공원의 남서쪽에 위치한 세련된 외관의 오사카역사박물관(大阪歴史博物館)은 1960년 개관한 오사카시립박물관이 그 전신이다. 2001년 현재의 위치로 이전하면서 지금의 모습으로 거듭났다.
콘셉트는 '도시, 오사카'. 현대적인 디자인의 박물관 건물 앞에는 5세기의 창고 한 채가 복원되어 있어 이곳이 박물관임을 멀리서도 알게 해준다. 내부는 10층부터 7층까지 내려오면서 관람하도록 구성되어 있다. 층을 내려오면서 자연스럽게 고대에서 현대에 이르는 오사카의 역사를 탐험할 수 있어 이채롭다.
표를 구입할 때 한국어 음성가이드 기기를 대여하면(200엔) 전시물마다 자세한 설명을 들을 수 있다.
10층은 고대의 나니와(오사카의 옛 명칭) 시대를 다룬다. 창밖으로

펼쳐진 나니와궁 사적 공원을 내려다볼 수 있고, 당시의 궁중의상과 궁전 모형도 감상할 수 있다. 9층에는 오다 노부나가가 등장하는 전국시대부터 에도시대, 그리고 '물의 도시', '천하의 부엌'이라 불리며 상업이 발달했던 오사카의 풍경들이 유물, 그림, 미니어처 등으로 전시되어 있다. 8층은 유적 발굴의 과정을 재현해 보여주며 체험도 할 수 있도록 꾸며져 있다. 7층은 오사카의 전성기, 다시 말해 1910년대부터 태평양 전쟁 전까지인 '대오사카'시대를 재현한다. 당시의 주택이나 각종 가게, 극장을 돌아보다 보면 당시 일제강점기를 겪던 우리나라의 상황과 오버랩되면서 여러가지 생각이 들기도 한다.

INFO.

9:30~17:00(마지막 입장 16:30) *매주 화요일 휴무

성인 600엔, 고등학생·대학생 400엔, 중학생 이하 무료 *주유패스 이용 시 무료(상설전 한정)

오사카메트로 다니마치선·츄오선 다니마치욘초메역 9번 출구에서 왼쪽으로 도보 1분

TIP. 박물관 지하에는 나니와궁 유적이 보존돼 있는데, 14:00부터 1층 종합안내소에서 선착순 10명에게 나니와궁 유적 견학 가이드를 제공한다.

plus spot

나니와궁 유적

사료로 전해지던 나니와궁은 1954년부터 시작된 발굴을 통해 오사카성 남쪽 일대에 두 시기에 걸쳐 조성되었다는 사실이 밝혀졌다. 지금의 오사카역사박물관은 나니와 궁터(難波宮跡)와 오사카성을 굽어볼 수 있는 자리에 세워졌다. 오사카역사박물관 10층 '나니와시대' 전시실에서 스크린을 통해 음악과 설명이 곁들여진 '나니와시대'를 관람하고 나서 창밖으로 나니와궁 터를 볼 수 있다.

1-6 Hoenzaka, Chuo-ku, Osaka-shi 24시간 pref.osaka.lg.jp

100주년을 맞이한 도심 속
동물의 왕국

텐노지 동물원
Tennoji Zoo

1-108 Chausuyamacho,
Tennoji-ku, Osaka-shi
tennojizoo.jp
@osaka_tennoji_zoo

오사카 한가운데 있는 '동물의 왕국' 텐노지 동물원(天王寺動物園)에는 약 180종, 1,000마리 이상의 동물들이 모여 살아간다. 누적 유료 방문객 수가 총 1억 명을 돌파했을 정도로 인기가 좋다. 동물의 서식지를 최대한 자연스럽게 재현하고, 동물을 방목하듯이 배치해놓았다. 기린과 얼룩말이 함께 어울리며 어슬렁거리는 모습을 보면 실제 사바나에 온 것처럼 느껴진다. 1915년에 개원한 텐노지 동물원은 일본에서 세 번째로 긴 역사를 자랑한다. 1930년대까지는 인기가 하늘을 찔러 지금보다도 동물이 더 많았다고 하는데, 태평양전쟁 당시 공습에 대비해 맹수들을 살처분하면서 위기를 맞기도 했다. 이후 1950년에 들어온 코끼리 하루코가 인기를 끌며 동물원은 다시 명성을 되찾게 되었다. 동물원의 명실상부한 아이콘이었던 하루코는 2014년까지 장수하며 오사카 시민들의 사랑을 받았다. 뉴질랜드의 국조(國鳥)인 키위를 일본에서 유일하게 볼 수 있으며, 사자, 호랑이, 레서판다와 같은 인기 동물 외에도 동물에게 직접 먹이를 주거나 만져볼 수 있는 만남의 광장, 아시아의 열대우림도 볼 만하다. 매년 여름에는 저녁 9시까지 연장 개장하는 나이트 주(Night Zoo) 이벤트가 열린다.

일정에 여유가 있다면, 인근의 케이타쿠엔(慶沢園) 정원과 텐시바(てんしば) 공원도 방문해보자. 오사카시립미술관 뒤에 있는 케이타쿠엔은 정통 일본식 정원이다. 가운데 섬을 둘러싼 큰 연못과 주위의 숲이 멋스럽게 조화되어 계절마다 아름다운 풍경을 선사한다(입장료 150엔). 2015년 10월 개장한 텐시바 공원은 텐노지 동물원과 텐노지역 사이에 있다. 생긴 지 얼마 되지 않았지만, 주말이 되면 넓은 잔디밭이 가족과 연인 방문객으로 가득하다. 카페 및 레스토랑, 풋살 경기장, 반려동물 놀이터까지 갖추어져 있어 여행 중 휴식을 취하기에도 좋다.

INFO. 텐노지 동물원

09:30~17:00(마지막 입장 16:00) *매주 월요일, 연말연초 휴무

성인 500엔, 초등학생·중학생 200엔, 미취학 아동 무료 *주유패스 소지 시 무료

오사카메트로 사카이스지선 에비스초역 3번 출구에서 직진 도보 7분, 신세카이 게이트로 입장 / 오사카메트로 미도스지선·사카이스지선 도부쓰엔마에역 1번 출구에서 왼쪽 철로 아래로 지나 도보 5분, 신세카이 게이트로 입장 / 오사카메트로 미도스지선·타니마치선, JR 칸조선 텐노지역 공원 출구에서 텐시바 공원 가로질러 도보 7분, 텐시바 게이트로 입장

INFO. 케이타쿠엔 정원

09:30~17:00(마지막 입장 16:30) *매주 월요일 휴무

성인 150엔, 초등학생·중학생 80엔, 미취학 아동 무료 *주유패스 소지 시 무료

오사카메트로 미도스지선·타니마치선, JR 칸조선 텐노지역 공원 출구에서 텐시바 공원 가로질러 도보 7분 / 텐노지 동물원 텐시바 게이트에서 도보 2분

plus spot

스파월드 세계대온천

일본 여행에서 빠지면 섭섭한 것이 바로 온천. 스파월드 세계대온천(スパワールド世界の大温泉)은 신세카이 텐노지 동물원 옆에 위치해 여행 중 들르기 좋다. 지하철 미도스지선 도브츠엔마에역에서 도보로 5분 거리에 있다. 오사카를 대표하는 대규모 온천 복합단지이며 세계 11개국을 테마로 아시아, 유럽 스타일의 온천 16종류, 노천탕, 온돌사우나, 실내 수영장이 있다. 거의 24시간 운영하기 때문에 여행 중 찾기에 편리하다. 타투가 있는 경우 입욕이 불가능하고, 남자아이는 신장 120cm 이상부터 남성탕 이용이 가능하다. 밤 12시가 넘으면 추가 요금이 발생하며 퇴실 시 정산하면 된다.

3-4-24 Ebisuhigashi, Naniwa-ku, Osaka-shi 중학생 이상 1,500엔, 초등생 이하 1,000엔, 온돌사우나 평일 800엔, 주말 및 공휴일 1,000엔 *보증금 필요, 심야 요금 별도 온천 10:00~다음 날 8:45, 온돌사우나 10:00~22:00
spaworld.co.jp
@spaworld_jp

일본의 자연사를 한눈에

오사카시립자연사박물관
Osaka Museum of Natural History

1-23 Nagaikoen, Higashisumiyoshi-ku, Osaka-shi
omnh.jp
@osaka_shizenshi_koho

공룡에 푹 빠진 아이들과 자연사에 관심 있는 어른이라면 오사카시립 자연사박물관(大阪市立自然史博物館)과 나가이 식물원을 방문해보자. 박물관 입장권을 구입하면 식물원은 무료 입장이 가능해 가족 여행객에게 제격이다. 박물관은 상설전시관인 제 1~4전시실과 특별전시실, 뮤지엄숍 등으로 이루어져 있다.

상설전시관에서는 오늘날 우리의 생활과 연관되어 있는 '친밀한 자연'부터 지구 생명의 역사와 진화까지 폭넓게 다루고 있다. 제 2전시실 '지구와 생명의 역사'에서는 공룡을 비롯해 한때 지구를 누볐던 거대한 고대 생물의 화석이 시선을 압도한다.
박물관 관람 후에는 식물원으로 발길을 돌려보자. 사계절 내내 여러 꽃들이 교대로 피어나 산책만으로도 만족감을 느낄 수 있다. 화려한 일루미네이션을 자랑하는 나이트 가든, 장미철의 로즈 위크, 감자 재배 체험회 등 1년 내내 다양한 이벤트가 끊이지 않는다.

INFO. 오사카시립자연사박물관
3~10월 9:30~17:00(마지막 입장 16:30), 11~2월 9:30~16:30(마지막 입장 16:00) * 매주 월요일 휴무
성인 300엔, 고등학생·대학생 200엔, 중학생 이하 무료 *나가이 식물원 입장료 포함 *주유패스 소지 시 무료(상설전 한정)
오사카메트로 미도스지선 나가이역 3번 출구에서 도보 10분

INFO. 나가이 식물원
오사카시립자연사박물관과 동일
성인 200엔, 중학생 이하 무료 *주유패스 소지 시 무료, 야간 이벤트, 특별 개원 별도 요금
botanical-garden.nagai-park.jp
@nagaibo

Quiet Temple

도심 속 또 다른 공간

오사카에는 여행자들에게는 잘 알려지지 않은 매력적인 신사가 많다. 복잡한 도심 여행지를 둘러봤다면 이제 고즈넉한 신사를 찾아볼 차례. 오사카의 아름다운 자연을 즐기고, 소원도 빌고, 나만의 시간을 가져보자.

벚꽃이 아름다운 텐만구에서
학문의 신을 만나보자

오사카텐만구
Osaka Tenmangu

2-1-8 Tenjinbashi, Kita-ku,
Osaka-shi
osakatemmangu.or.jp
@osakatemmangu.official

일본 전역에 수많은 텐만구가 있지만 오사카텐만구(大阪天満宮)는 교토의 기타노텐만구, 후쿠오카의 다자이후텐만구와 함께 일본 3대 텐만구로 꼽히는 곳이다. 949년에 창건됐지만 현재의 본전은 1843년에 재건되었는데, 오랜 시간 동안 여러 차례 화재가 일어났던 탓이다.
과거에는 '텐만 신사', '텐진사' 등으로 불렸으며, 인근의 주민들은 친근하게 '텐진상(天神さん)'이라고 부르기도 한다. 일본 3대 마츠리 중 하나인 텐진 마츠리의 중심지이며 아름다운 매화와 벚꽃으로도 유명하다.
텐만구 신사는 학문의 신으로 추앙받는 스가와라노 미치자네를 모시는 곳이다. 스가와라노 미치자네는 헤이안시대의 문인이자 정치가로서 천재로 이름을 날렸다고 한다. 신분의 한계를 극복하고 재상의 자리까지 올랐지만, 권력층이었던 후지와라 일족에게 견제를 받아 멀리 좌천됐고 큐슈에서 사망한다. 이후 재해가 일어나고 후지와라 일족의 사람들이 죽어나가자 사람들은 스가와라노 미치자네가 복수하는 것으로 여겼고, 조정에서는 이를 달래기 위해 텐만구 신사를 지었다고 한다.

ITO EN

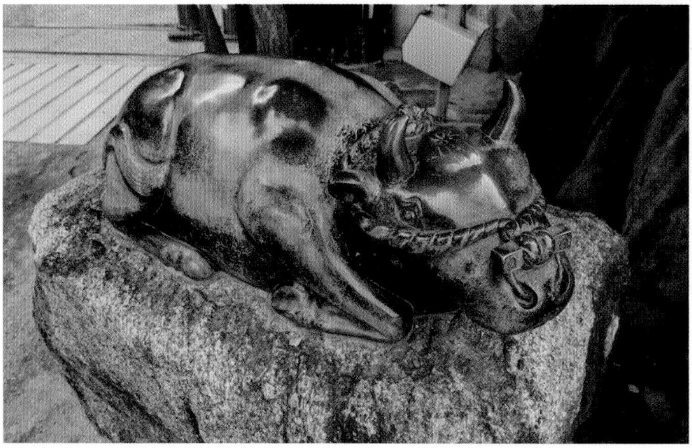

大阪天満宮
合格御礼
ありがとうございました。
合格祈願
志望大学
合格祈願
国家試験 合格
柔道整復師
合格祈願
合格できますように!!

지금도 입시철이 되면 오사카의 수험생과 부모, 취업 준비생들은 오사카텐만구에 들러 합격을 기원한다. 특히 텐진 마츠리 시즌에는 일본 전역에서 몰려든 사람들로 북새통을 이룬다.
경내 곳곳에서 소 그림과 동상을 볼 수 있는데, 스가와라노 미치자네가 죽었을 때 시신을 운구하던 소가 원통함에 움직이지 않았다는 이야기 전해지기 때문이다. 아픈 사람은 자신의 아픈 부위와 같은 소의 부위를 만지면 병이 낫고, 머리나 뿔을 만지면 지혜로워진다는 말이 있다.
오사카텐만구에서 북쪽 출구로 나가면, 작은 연못과 다리가 보인다. 연못은 호시아이이케(星合池), 다리는 아이쿄바시(愛嬌橋)로 불린다. 이 다리 위에서 만난 남녀는 꼭 맺어진다는 이야기가 전해내려오며, 매년 7월 7일에는 호시아이다나바타마츠리(星愛七夕まつり)도 열린다. 오사카텐만구의 정문만 이용한다면 찾기 어려워 놓치기 쉬우니 잘 기억해두자. 텐진바시스지 상점가를 찾은 관광객이라면, 잠깐 틈을 내어서라도 방문해보자.

INFO.
9:00~17:00
오사카메트로 타니마치선·사카이스지선 미나미모리마치역 4번 출구에서 도보 3분 / JR 토자이선 오사카텐만구역 7번 출구에서 도보 3분

TIP. 오사카텐만구를 나와 남쪽으로 300~400미터 정도 내려오면, 미나미텐마 공원이 나온다. 벚꽃철이 아니더라도 강변을 따라 산책하기 좋고, 오사카성이나 나카노시마 등 다른 명소로 가는 길목이라 함께 방문하기 좋다.

애틋한 사랑이야기가 어려 있는 도심 속 신사

츠유노텐 신사 Tsuyunoten Shrine

2-5-4 Sonezaki, Kita-ku, Osaka
tuyutenjin.com

츠유노텐 신사는 창건 1,300년의 역사를 자랑하는 유서 깊은 곳이다. 오랜 역사에 비해 건물이 그리 낡아 보이지 않는데, 1945년 태평양전쟁으로 소실된 것을 1957년에 다시 지었기 때문이다. 이곳은 오늘날에도 소네자키, 우메다 지역을 지켜주는 수호신 격으로 받들어지고 있으며, 매년 1월 1일에는 새해 소원을 비는 사람들로 북새통을 이룬다.
현지에서는 흔히 오하츠텐진(お初天神) 신사로도 불리는데, 1703년 실제 이곳에서 벌어진 안타까운 동반 자살 사건을 소재로 한 전통 인형극 '소네자키신주(曽根崎心中)'의 여주인공 '오하츠'의 이름을 따른 것이다. 소네자키신주는 오하츠와 그녀의 연인 토쿠베에가 이루지 못한 사랑 때문에 츠유노텐신사의 텐진노모리 숲에서 다음 생을 기약하며 함께 목숨을 끊었다는 비극적인 실화를 극화한 것이다. 이 인형극은 엄청난 호평을 받으며 인기를 끌었고, 지금까지도 사랑의 결실을 기원하며 이곳을 찾는 연인들이 줄을 잇는다.
오사카의 대표적 도심인 우메다 지역에 위치해 있어 여행객, 현지인으로 늘 붐빈다. 매월 첫째 주 금요일에는 경내에서 벼룩시장이 열려 다양한 골동품도 구경할 수 있다. 매년 4월 7일에는 오하츠와 토쿠베에의 위령제, 7월 셋째 주 금·토요일에는 사자춤이 볼거리인 여름 축제가 열린다.
신사 주변에 위치한 소네자키오하츠텐진도리

상점가(曽根崎お初天神通り
商店街)에는 오래된 이자카야와
현대식 클럽이 함께 자리한다.
태평양전쟁 후 신사 경내의 음식점이
모여들면서 번창하기 시작한 곳으로
지금도 신사 참배객과 우메다의
여행객, 그리고 인근 비즈니스 타운의
샐러리맨들로 문전성시를 이룬다.

INFO.
🕒 6:00~24:00
🚇 오사카메트로 타니마치선
히가시우메다역 7번 출구에서
왼쪽으로 도보 5분

고대 신사의 모습 그대로

스미요시타이샤 Sumiyoshi Taisha

2-9-89, Sumiyoshi, Sumiyoshi-ku, Osaka-shi
sumiyoshitaisha.net

1,800년의 역사를 자랑하는 스미요시타이샤(住吉大社)는 전국에 2,300사가 넘는 스미요시 신사의 총본산이다. 국가의 중대사나 천재지변 때 조정에서 의식을 행한 22개의 주요 신사인 '22사'에 속해 있어 매우 격이 높은 신사다. 게다가 소원을 빌면 이루어진다는, 이른바 '파워 스폿'으로 이름나 있기 때문에 새해가 되면 전국에서 수백만 명의 참배자가 방문해 일대 교통이 마비된다.

약 10만m^2에 이르는 넓은 경내에는 수많은 문화재와 볼거리가 있다. 핵심은 제 1본궁에서 4본궁까지 있는 본전이다. 모두 바다 쪽을 향하고 있는데 그 독특한 모습은 마치 항해하는 선단을 연상케 한다. 국보로 지정돼 있으며, 가장 오래된 신사 건축 양식인 '스미요시즈쿠리'로 유명하다. 하지만 대외적으로 스미요시타이샤의 이미지를 상징하는 것은 붉은색의 아치형 다리인 소리하시(反橋)다. 수면에 반사되는 다리 모습이 마치 동그란 북 같다고 하여 '다이코바시'라고도 부른다. 경사가 가파르니 건널 때 미끄러지지 않도록 조심하자.

INFO.
난카이 본선
스미요시타이샤역(住吉大社駅)에서 동쪽으로 도보 3분 / 난카이 고야선 스미요시히가시역(住吉東駅)에서 서쪽으로 도보 5분 / 한카이 전차 한카이선 스미요시 토리이마에정류장(住吉鳥居前停留場)에서 도보 1분
6:00~17:00(10~3월 6:30~17:00)

TIP. 본궁 뒤에 자리한 고쇼고젠(五所御前)에서 '五', '大', '力'이라고 적힌 조약돌을 하나씩 찾아 부적으로 삼으면 소원이 이루어진다고 하니 눈을 크게 뜨고 조약돌을 찾아보자.

1,400년 역사의 도심 속 사원

시텐노지 Shitenno-ji

1-11-18 Shitennoji, Tennoji-ku, Osaka-shi
shitennoji.or.jp

일본에 현존하는 불교 사찰 중 가장 오랜 역사와 명성을 자랑하는 곳으로, 593년 쇼토쿠 태자(聖徳太子)에 의해 건립되었다. 행정구역인 텐노지구, 인근의 텐노지역은 모두 시텐노지에서 이름을 따온 것이다. 창건 당시에는 백제의 영향을 받은 아스카 양식을 띠었으나, 오랜 세월 동안 태풍과 화재, 전쟁으로 여러 차례 재건되는 과정에서 많은 변화를 겪었다. 특히 5층탑과 금당을 비롯한 주요 건물은 철근콘크리트 건물로 지어져 아쉬움이 남는다. 하지만 중문, 강당, 금당, 5층탑이 남북 직선으로 놓이고 회랑이 둘러싸는 가람(사찰의 건물 배치)의 배치는 창건 당시와 동일하다. 직사각형의 회랑을 느긋하게 걸으며 5층탑과 금당을 감상해보자. 특히 해 질 녘의 실루엣이 아름답다. 5층탑은 정상까지 올라갈 수 있지만, 내부가 좁고 그물이 쳐져 있어 전경이 좋지는 않다.

중심가람과 혼보테이엔(本坊庭園)은 각 300엔, 창건 당시 물품 등 500여 점의 국보급 문화재를 소장한 보물관(宝物館)은 500엔(성인 기준)의 입장료를 받지만 그 외에는 무료 입장이다. 도심 가운데 있으면서도 24시간 개방되어 있어(일부 건물 제외) 방문하기 편리하다. 입장료를

받지 않는 경내 건물 중 볼 만한 곳으로는 쇼토쿠 태자를 모시는 타이시덴(太子殿), 죽은 이의 명복을 비는 로쿠지도(六時堂), 각종 제례를 치르는 이시부타이(石舞台), 고인의 이름을 쓴 무늬목을 씻으면 극락왕생한다는 카메이도(亀井堂)를 들 수 있다. 중문에 안치된, 거대한 금강역사상도 볼거리다.
매월 21, 22일은 시텐노지 경내에서 에도시대부터 이어진 벼룩시장이 열린다. 골동품들을 구경할 수 있으며 중심가람도 무료로 관람할 수 있다.

*쇼토쿠 태자
일본 아스카시대 왕족이자 정치인. 한반도와 중국의 선진 문물과 불교를 도입하고 정치 체계를 정립하는 등 중앙집권 국가로서의 체제 확립을 도모했다. 일본에서는 모르는 사람이 없을 정도로 유명하며, '태자신앙(太子信仰)'으로 오늘날에도 추앙받고 있다.

INFO.

🕒 중심가람 외 경내 24시간 공개 / 중심가람 및 혼보테이엔 4~9월 8:30~16:30, 동계, 10~3월 8:30~16:00 / 로쿠지도 8:30~18:00

🎫 중심가람 성인 300엔, 고등학생·대학생 200엔, 중학생 이하 무료 / 혼보테이엔 성인 300엔, 고등학생·대학생 200엔, 초등학생·중학생 200엔, 미취학 아동 무료 / 보물관 성인 500엔, 고등학생·대학생 300엔, 중학생 이하 무료 *주유패스 소지 시 중심가람과 혼보테이엔 무료

🚇 오사카메트로 타니마치선 시텐노지마에유히가오카역 4번 출구에서 남쪽으로 도보 5분 / 오사카메트로 미도스지선·타니마치선, JR 칸조선 텐노지역 공원 출구에서 북쪽으로 도보 10분

Twinkle Night

빛나는 오사카의 밤

해가 지면 또 다른 오사카의 풍경이 펼쳐진다. 사랑하는 사람과 함께 시원한 맥주 한 잔과 맛있는 음식을 즐기는 시간은 여행을 더욱 풍성하게 만든다. 골목골목을 거닐며 반짝이는 오사카의 밤을 누려보자.

환락가에서 복고풍 먹자골목으로

쟌쟌 요코초 Jyanjyan Yokocho

야에카츠 3-4-13 Ebisuhigashi, Naniwa-ku, Osaka-shi

쟌쟌 요코초(ジャンジャン横丁)는 신세카이의 남동부에 위치한 좁은 아케이드 상점가다. 200m 남짓한 거리에 쿠시카츠 전문점, 스시, 타코야키, 야키토리 등 각종 맛집이 오밀조밀 모여 있는 가운데 기원이나 잡화점, 헌책방도 끼어 있어 분위기가 꽤 독특하다. 골목이 많이 좁은 편이라 다니기에 다소 불편할 수 있지만 그래서 더욱 왁자지껄한 모습을 느낄 수 있다. 정식 명칭은 난요도리(南陽通) 상점가다.
쟌쟌 요코초는 애칭으로, 과거에 이곳을 지날 때 손님을 유혹하는 샤미센(三味線, 일본의 전통악기) 소리가 양쪽에서 '쟌쟌' 하고 들려와 붙은 이름이라고 한다.
쟌쟌 요코초는 1920년대 당시 일급 환락가였던 신세카이를 출입하는 길목에 있었기 때문에, 취객을 상대로 한 술집이 늘어나면서 번성한 것으로 전해진다. 태평양전쟁의 공습으로 한때 주춤했지만 전후에 다시 환락가로서 이름을 날렸다. 이후 법적인 규제를 받아 현재는 'B급 요리'라 불리는 서민 음식점과 선술집이 그 자리를 차지했고, 신세카이와 더불어 복고풍 여행지로 유명해졌다.

INFO.

오사카메트로 미도스지선·사카이스지선 도부쓰엔마에역 1번 출구로 나와 왼쪽 철로 아래 길 통과 / 오사카메트로 사카이스지선 에비스초역 3번 출구에서 도보 10분

자그마한 사찰 옆 운치 있는 밤거리

호젠지 Hozen-ji

1-2-16 Nanba, Chuo-ku, Osaka-shi
houzenji.jp

대규모 번화가인 센니치마에의 한가운데 위치한 호젠지(法善寺)는 에도시대 초기에 교토 우지에서 창건된 사찰로 1637년에 현재의 자리로 옮겨왔다. 과거 이곳에서 천일염불(千日念仏)을 했기 때문에 센니치지(千日寺)라고도 불렸으며 여기서 센니치마에(千日前)라는 지명이 생겼다.
사찰이라고는 하지만 굉장히 작아서 5분이면 다 둘러볼 수 있다. 태평양전쟁 당시 부동명왕상을 제외하고 모두 소실됐기 때문이다. 이 부동명왕상이 바로, 물을 뿌리며 소원을 빌면 이루어진다는 미즈카케후도(水掛不動)다.
과거에는 생명의 근원이라는 의미로 물을 공양하는 형식이었는데, 한 여성이 물을 뿌리며 소원을 빌기 시작했고 이것이 전통이 됐다고 한다. 오늘날에도 현지인, 여행객 할 것 없이 저마다 소원을 빌며 물을 뿌리는 의식을 치르는데 이 때문에 생긴 이끼로 부동명왕상의 형태가 제대로 보이지 않을 정도다.
돌바닥이 반짝이는 호젠지 요코초

(法善寺横丁)는 이름처럼 호젠지 옆에 자리한 80m 길이의 좁은 골목이다. 호젠지의 경내 노점에서 시작돼 지금은 60개의 서민 음식점과 바가 오밀조밀 모여 특유의 분위기를 자아낸다. 오사카에 사는 연인의 사랑 이야기를 다룬 오다 사쿠노스케의 소설, 《메오토젠자이(夫婦善哉)》의 배경으로 등장해 유명해졌고 이후 여러 일본 가요와 연극, 영화에 등장했다. 미나미 지역의 필수 방문 코스로 꼽히는 만큼 늘 인파로 붐빈다.

INFO.

🕒 24시간 개방

🚇 오사카메트로 미도스지선·요츠바시선·센니치마에선 난바역 하차, 난바워크 B16번 출구로 나와 북쪽으로 도보 1분

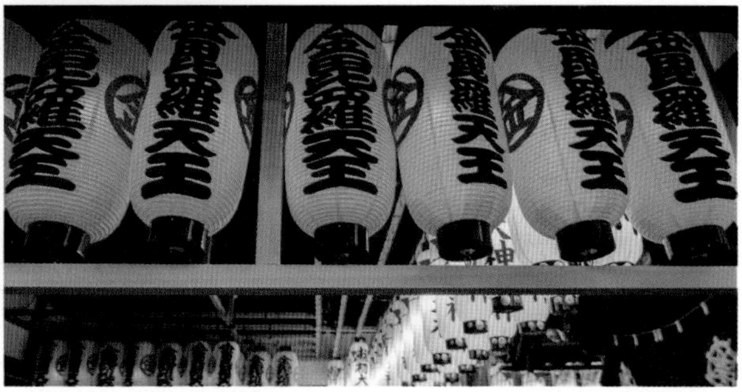

다 둘러보려면
24시간이 모자란 거리

센니치마에 Sennichimae

빅카메라 난바 2-10-1
Sennichimae, Chuo-ku, Osaka-shi
sennichimae.com

센니치마에는 북쪽의 도톤보리, 동쪽의 닛폰바시 지역과 연결된 서일본 최고, 최대의 번화가다. 키타구의 우메다와 함께 '오사카 2대 번화가'로 손꼽히지만, 규모와 유명세에서 우메다를 압도한다. 대형 가전제품 매장인 빅카메라, 지하 쇼핑가인 난바워크, 타카시마야 백화점, 난바 그랜드 카게츠 극장 등 일본 전국에서도 유명한 곳이 즐비하다. 수많은 이자카야와 맛집까지 있어서 구석구석 돌아다니다 보면 하루가 모자랄 지경이다.
최근 핫플레이스로 떠오른 우라난바는 밤이 더 매력적인 곳이다. 난바역에서 닛폰바시역 사이에 위치한 우라난바는 2010년까지만 해도 젊은 층에게 그리 주목받지 못했다. 하지만 저렴한 임대료와 복고풍 분위기를 타고 매년 점포 수가 늘어나 이제는 골목마다 다양한 먹거리로 가득하다. 관광객이 대부분인 도톤보리 일대와 달리 이곳은 현지인들도 많은 것이 특징. 특히 토라메 요코초에는 스시, 가라아게, 쿠시카츠 등 다양한 메뉴를 파는 포장마차가 밀집해 있어 들어서는 순간 오사카의 진정한 밤거리를 느낄 수 있다. 인근의 미소노 빌딩은 클래식한 외관의 관광 호텔이기도 하지만, 2층에는

あばらや
ばんざいBAR
楽
あばらや
一品料理
天草
光
一品料理

독특하고 이색적인 이자카야가 모여 있어 일본 미디어에도 자주 소개된다.
난바 그랜드 카게츠와 난산도리 사이의 도구야스지 상점가에서는 업무용 주방 기구와 가정용 집기를 전문으로 판매한다. 선물용으로도 좋은 물건들이 좁은 골목길을 따라 진열되어 있는데, 해외 유명 요리사도 찾을 만큼 좋은 품질로 정평이 나 있다.
에도시대 이곳은 공동묘지이자 사형장이었다. 이후 형장은 폐지되고 묘지는 이전됐지만, 흉흉한 곳이었다 보니 땅이 팔리지 않아 땅을 사는 사람에게 오사카시에서 별도의 지원까지 해주었다고 한다. 1912년에 발생한 대화재로 센니치마에 일대가 완전히 소실되자, 지역 침체를 우려한 난카이 철도가 극장, 놀이공원, 수족관, 전망대 등을 건설하고 일대를 '라쿠텐치'라 명명하며 분위기를 되살렸다.
이후 태평양전쟁으로 다시 폐허로 변했지만 꾸준히 복구를 거듭하며 오늘날 도톤보리와 함께 번화가로 자리매김했다.

INFO.

오사카메트로 미도스지선 난바역 동쪽 일대 / 오사카메트로 사카이스지선·센니치마에선 닛폰바시역 서쪽 일대

plus spot

그랜드 카게츠 극장

오사카에 본거지를 둔 요시모토 흥업에서 운영하는 코미디 극장. 2017년 12월에 재개장했다. 요시모토가 보유한 극장은 전국에 14군데나 있지만, 본공연을 볼 수 있는 극장은 난바 그랜드 카게츠와 기온의 2곳을 더해 총 3곳밖에 없다. 그중 난바 그랜드 카게츠의 출연진이 가장 유명하다.
공연은 만자이(漫才, 2인조 만담), 라쿠고(落語, 1인 만담) 등 다양하지만 가장 유명한 것은 만담과 신희극으로 구성된 본공연(本公演)이다. 본공연에는 가장 뛰어난 게이닌(芸人, 개그맨)이 등장한다.

11-6 Nanbasennichimae, Chuo-ku, Osaka-shi
yoshimoto.co.jp @nambagrandkagetsu

Beautiful View

한눈에 담는 오사카

우메다 스카이빌딩 공중정원 외에도 오사카의 전경을 볼 수 있는 명소가 있다. 간사이 최고 높이를 자랑하는 아베노하루카스 전망대, 대관람차의 재미까지 더하는 헵파이브, 특별한 오사카를 만날 수 있는 사키시마 코스모타워 전망대. 나에게 맞는 일정에 따라 오사카의 풍광을 가슴에 담아보자.

간사이 최고 높이, 기분까지 맑아지는 전망대

아베노하루카스 Abeno Harukas

1-1-43 Abenosuji, Abeno-ku, Osaka-shi
abenoharukas-300.jp
@abenoharukas_osaka_official

아베노하루카스(あべのハルカス)는 2014년에 문을 연 일본에서 가장 높은 건물이다. 58~60층에는 간사이 지역에서 가장 높은 전망대인 '하루카스300'이 자리한다. 16층에서 60층까지 불과 50초 만에 올라가는 고속 엘리베이터에서 내리자마자 광활한 오사카의 풍경이 펼쳐진다. 맑은 날에는 교토와 롯코산, 아카시 해협 대교, 심지어 간사이 공항까지 감상할 수 있다. 건물 외부 전체가 유리로 되어 있고, 3단계의 입체 구조와 묘하게 휘어진 직선이 힘차게 하늘로 뻗어 있어 개방감과 긴장감을 동시에 만끽할 수 있다. 오사카 어디에서 보아도 존재감이 넘치는 것이 매력. 입장권이 비싼 편인 데다 주유패스도 활용할 수 없지만, 아무런 방해물도 없는 압도적인 전망을 볼 수 있는 곳은 오사카에서 오직 하루카스300뿐이니 그만한 가치가 있다.

일몰 후에는 빛과 소리를 이용한 일루미네이션 이벤트도 벌어진다. 58층의 카페 다이닝 바 스카이 가든300에서 식사와 차를 즐기며 오사카의 야경을 마음껏 즐겨보자. '아베노'는 아베노(阿倍野)라는 지역 이름에서, '하루카스'는 헤이안시대의 옛말(晴るかす, 맑음)에서 따왔다고 한다. 저층(지하

2층~14층)은 킨테츠백화점과 미술관, 중층(17층~36층)에는 사무실, 고층(38층~60층)은 호텔과 전망대로 구성돼 있다.

INFO.

🕘 9:00~22:00(마지막 입장21:30)

🎫 성인 1500엔, 중학생·고등학생 1200엔, 초등학생 700엔, 4세 이상 500엔, 3세 이하 무료 *1day 티켓 성인 1,950엔, 중학생·고등학생 1,650엔, 초등학생 950엔, 4세 이상 750엔

🚆 킨테츠 미나미오사카선 오사카아베노바시역 직결 / 오사카메트로 미도스지선·타니마치선, JR 칸조선 텐노지역 남쪽 출구에서 인도교 이용 도보 1분

TIP.

❶ 주야경을 모두 즐기고 싶은 전망대 마니아라면 1day 티켓을 추천한다. 하루에도 몇 번이고 재입장할 수 있다.

❷ 옥상 헬기장에서 더욱 생생하게 전망을 감상할 수 있는 헬리포트 투어도 신청하자. 고도 300m에서 바람을 맞으며 360도로 오사카의 풍경을 느낄 수 있다(요금 500엔, 선착순, 60층 인포메이션센터에서 신청).

❸ 매월 15일은 '시니어 데이'다. 65세 이상이라면(신분증 필요) 입장권이 500엔 할인된다.

plus spot

킨테츠백화점

아베노하루카스 300 내에 위치한 킨테츠백화점(あべのハルカス近鉄本店)은 쇼핑, 맛집, 전망대 관람까지 모든 게 가능한 곳이다. 오사카 아베노바시역과 연결되어 있어 접근성이 좋고 지하 2층부터 지상 14층에 이르는 거대한 규모를 자랑한다. 명품 브랜드는 물론 드럭스토어까지 입점이 되어 있으며 5,000엔 이상을 구입했다면 해외 고객 서비스센터(Foreign customer's salon)에서 면세 혜택을 놓치지 말자.

킨테츠백화점 맛집이라는 말이 있을 정도로 어디를 들어가든 실망하지 않을 정도로 수준 높은 식당들이 입점해 있다. 낮 시간에 전망대를 이용한다면 관람 후 쇼핑과 식사를 즐기고, 야경을 감상하고 싶다면 쇼핑부터 한 후 전망대에 방문하자.

1-1-43 Abenosuji, Abeno-ku, Osaka-shi
10:00~20:00 abenoharukas.d-kintetsu.co.jp

오사카 최신 트렌드와 즐길 거리가 한곳에

헵파이브 HEP FIVE

5-15 Kakudacho, Kita-ku, Osaka-shi
hepfive.jp
@hep_five

헵파이브는 헵나비오(HEP NAVIO)와 함께 한큐 엔터테인먼트 파크를 구성하고 있는 트렌디한 쇼핑몰이다. 한큐백화점과 한큐3번가, 한큐32번가 등 한큐 계열 상업시설이 모여 있는 우메다의 '한큐무라(阪急村)' 중 가장 독특한 외관으로 눈길을 끈다. 특히 빨간 관람차 덕분에 우메다 지역 어디에서도 금방 위치를 확인할 수 있다. 지하 2층부터 지상 9층까지, 10~20대 여성 패션을 중심으로 음식점, 오락실 등 170여 개의 점포가 밀집해 있다. 대부분 중저가 브랜드라 쇼핑을 즐기기에 부담이 없다. 8층의 헵홀(HEP HALL)에서는 수시로 연극, 라이브 공연, 영화제

등이 열린다.
빨간색 대형 고래 조형물이 맞이하는 로비에 들어서면 오사카의 수많은 젊은이들과 함께 헵파이브의 즐거움을 만끽할 수 있다. 그 가운데 절대 빼놓을 수 없는 것이 바로 빨간색 관람차다. 최상부 고도는 106m로, 날씨가 좋을 때는 멀리 아카시 해협 대교와 롯코산까지 펼쳐진 너른 전망을 감상할 수 있다. 쇼핑 시 관람차 티켓이나 주유패스를 제시하면 여러 가지 할인을 받을 수 있다. 자세한 사항은 홈페이지를 참고하자.

INFO.

상점가 11:00~21:00, 어뮤즈먼트 시설 11:00~23:00, 관람차 11:00~23:00(마지막 탑승 22:45) *비정기 휴무

관람차 1인 600엔, 5세 이하 무료 *주유패스 소지 시 무료

한큐 오사카우메다역에서 도보 3분 / JR 칸조선 오사카역 미도스지구치에서 도보 4분 / 오사카메트로 미도스지선 우메다역에서 도보 5분

덴포잔 하버빌리지와 눈부신 바다가 펼쳐지는 전망대

사키시마 코스모타워 전망대 Sakishima Building

1-14-16 Nankokita, Suminoe-ku, Osaka-shi
sakishima-observatory.com
@costakun_252m_tenboudai

오사카의 서쪽 항만 지역과 덴포잔 하버빌리지를 한눈에 내려다볼 수 있는 곳에 사키시마 코스모타워 전망대가 자리해 있다. 사키시마 청사 건물의 꼭대기인 55층에 위치한 이 전망대는 시내에서 다소 떨어져 있지만, 그 덕분에 더욱 탁 트인 전경을 감상할 수 있다. 특히 이곳에서 보는 덴포잔 하버빌리지의 야경이 일품이며 일몰을 감상하기에도 제격이다. 높이 252m로 한때 서일본에서 가장 높은 전망대였지만, 현재는 아베노하루카스에 그 자리를 내주었다. 원래는 월드 트레이드 센터 빌딩의 하나로 건설되었으나 90년대

TIP. 사키시마 청사 전망대는 당일 1회에 한해 재입장이 가능하니 일정에 참고하자.

일본의 거품 경제 붕괴로 인해 개발이 더뎌졌다. 현재는 오사카부의 행정시설을 입주시켜 청사로 활용하고 있다.
사키시마 코스모타워 전망대가 있는 난코(南港, 남항) 일대는 이름 그대로 오사카항 남쪽을 매립해 만든 인공섬의 항만 지역이다. 난코 안은 난코포토타운센(뉴트램)이 대각선으로 가로질러 연결하고 있으며 포트타운이라는 건설 사업을 통해 학교, 공원, 상업시설도 들어서 있다. 주요 시설로는 사키시마청사, 대규모 복합시설 ATC(아시아태평양트레이드센터), 페리 터미널 등이 있다.

INFO.

11:00~22:00 (마지막 입장 21:30) *매주 월요일 휴관

고등학생 이상 800엔, 초등학생·중학생 500엔, 70세 이상 700엔 *주유패스 소지 시 무료

오사카메트로 츄오선, 난코포토타운선 코스모스퀘어역 3번 출구에서 도보 7분 / 난코포토타운선 트레이드센터마에역 1번 출구에서 도보 3분

Nearby

오사카 근교로 떠나는 여행

오사카는 도심 주요 명소 외에도 매력적인 여행지가 많은 도시다. 도심 동쪽에는 거대한 도시 공원 츠루미료쿠치 공원이 있고, 만국박람회가 열렸던 만박기념공원은 도심 북쪽에 자리한다. 아사히 맥주공장에서 맥주 한 잔을 마시며 짜릿한 시간을 가져보자.

빛나는 '태양의 탑' 아래 자리한 도심 속 휴식처

만박기념공원 Bampaku Kinen Park

1 Senribanpakukōen, Suita, Osaka-shi
expo70-park.jp
@expo70park

만박기념공원은 1970년에 개최된 만국박람회를 기념해 조성되었다. 광대한 공원에는 독특한 모습의 '태양의 탑'이 있다. 만화 〈20세기 소년〉 등 일본의 유명 매체에 심심치 않게 등장해온 태양의 탑은 만국박람회를 기념해 일본의 대표 작가 오카모토 타로가 제작한 것으로, 태양의 탑 홈페이지에서 예약을 하면 탑 내부도 관람할 수 있다. 만국박람회에 관심이 있다면 당시 자료를 전시하는 EXPO'70 파빌리온(공원 입장 후 오른쪽으로 도보 5분)도 방문해보자.
만박기념공원 부지의 대부분을 차지하는 일본정원·자연문화원은 사계절 내내 다양한 꽃과 나무로 가득차 있다. 도심 속 숲으로서 시민들과 여행객들의 산책로와 휴식처 역할을 톡톡히 하는 곳이다. 특히 일본정원에서는 시대별로 전통 일본식 정원의 정수를 느낄 수 있다. 이 외에도 대형 애슬레틱 시설인 반파쿠BEAST(万博BEAST)와 미궁의 요새(迷宮の砦), 일본민예관, 박물관, 자전거 광장 등을 다 둘러보려면 하루가 금세 지나간다.

*일본만국박람회
아시아에서 처음으로 개최된 일본 만국박람회는 '인류와 진보의 조화'를 테마로 1970년 3월 15일부터 6개월 정도 개최되었다. 76개국과 일본 국내외 단체 및 기관에서 출전하였고, 하루 평균 35만 명에 누적 입장객 수만 6,400만 명을 넘어설 정도로 신드롬을 일으켰다.
조용하고 전원적인 느낌이 강한 만박기념공원과 달리, 맞은편에 자리한 엑스포시티(EXPOCITY)는 현대적인 테마파크다. 5개의 엔터테인먼트 시설과 IMAX 영화관이 있으며 '살아 있는 박물관'으로 수족관·동물원·미술관을 융합한

久世福商店

뮤지엄 니후레루(NIFREL)와 높이 123m의 일본 최대 관람차 오사카 휠이 유명하다. 특히 오사카 휠은 모든 곤돌라의 바닥이 투명해 넘치는 긴장감 속에서 오사카의 전망을 만끽할 수 있다.

INFO. 만박기념공원
9:30~17:00(마지막 입장 16:30)
*매주 수요일 휴무
고등학생 이상 260엔, 초등학생·중학생 80엔
(일본정원·자연문화원 공통)
*주유패스 소지 시 무료
*태양의 탑 고등학생 이상 720엔, 초등학생·중학생 310엔
EXPO'70 파빌리온 고등학생 이상 210엔, 중학생 이하 무료(보호자 필요)
반파쿠BEAST 중학생 이상 3,500엔, 초등학생 3,000엔
미궁의 요새 코스별 3세 이상 1인 500엔
오사카모노레일 반파쿠키넨코엔역(万博記念公園駅) 도보 5분

INFO. 엑스포시티
니후레루 10:00~18:00(마지막 입장 17:00) / 오사카 휠 11:00~20:00(마지막 접수 19:40)
*비정기 휴관
니후레루 16세 이상 2,200엔, 초등학생·중학생 1,100엔, 3세 이상 650엔, 2세 이하 무료 (당일 재입관 가능) / 오사카 휠 일반 티켓 1,000엔, 패스트 티켓 1,500엔, 3세 이하 무료
*주유패스 소지 시 일반 곤돌라 무료
expocity-mf.com/expo
니후레루 @nifrel_official
오사카 휠 @osaka_wheel

TIP. 오사카 휠 곤돌라는 콘셉트도 여러 가지다. 지옥의 좀비 곤돌라, 천공의 셀프 사진관 곤돌라, 노래방 곤돌라 등 다양한 콘셉트를 관람차가 한 바퀴 도는 18분간 즐길 수 있다. 비용은 500~2,000엔. 예매는 오사카 휠 홈페이지에서 가능하다.

생산 즉시 맛보는 일본 대표 맥주

아사히 맥주공장

1-45 Nishinoshocho, Suita, Osaka-shi
asahibeer.co.jp/brewery/suita

부드러운 맛으로 우리나라에서도 폭넓은 사랑을 받고 있는 아사히 맥주를 일본 현지 공장에서 직접 맛보자! 훌륭한 수질, 편리한 교통 등 맥주 제조에 더없이 좋은 환경을 자랑하는 스이타시에 자리한 아사히 맥주 스이타 공장은 1891년 준공된 이래 오늘날까지 맥주를 생산해오고 있는, 아사히의 대표 공장 중 한 곳이다. 많은 공정이 현대화된 요즘에도 공장 외벽이나 여러 조형물에서 준공 당시의 흔적을 엿볼 수 있다.

약 80분의 뮤지엄 투어를 신청하면 아사히 맥주의 제조 과정, 공장 내부의 생산 라인 등을 둘러본 뒤 갓 만든 신선한 맥주까지 시음할 수 있다. 유명 제품인 슈퍼드라이, 엑스트라콜드 등이 1인당 2잔까지 제공된다(라인업은 변동 가능). 공장에서 마시는 맥주 맛은 시중의 맥주와 격을 달리하므로, 평소에 맥주에 관심 많은 여행객들에게는 놓칠 수 없는 기회다. 단, 운전자, 미성년자, 임산부는 소프트드링크로 대체된다.

*뮤지엄 투어 신청 방법:
아사히 맥주 스이타 공장 홈페이지 메인 화면에서 투어 예약(ツアー予約)을 클릭하고, 캘린더에서 희망 날짜와 시간을 선택한다(녹색 날짜만 가능). 코로나 방역 대책을 확인한 뒤, 하단에 신청인 수와 교통수단을 입력한다. 이용 규약에 동의하고 다음 페이지에 신청인 정보를 입력한다. 입력 정보를 확인한 후 예약 확정까지 클릭하면 입력한 이메일로 예약번호와 비밀번호를 받을 수 있다. 인터넷으로 6인까지 신청 가능하다. 7인 이상이라면 전화로 예약해야 한다. 투어 참가비는 내관 당일 발매기에서 지불하면 된다.
(신용카드, 전자화폐 가능)

INFO.

9:00~17:00 *연말연시 비정기 휴무

뮤지엄 투어 20세 이상 1,000엔, 초등학생 이상 300엔, 미취학 아동 무료

도카이도혼선 스이타역 동쪽 개찰구에서 도보 10분 / 한큐센리선 스이타역에서 도보 10분

도심에서 지하철로 갈 수 있는 거대 녹지

츠루미료쿠치 공원 Tsurumi Ryokuchi Park

2-163, Ryokuchikoen, Tsurumi-ku, Osaka-shi
tsurumi-ryokuchi.jp
@tsurumiryokuchi

츠루미료쿠치 공원(鶴見緑地公園)은 1990년에 개최된 오사카 원예박람회 '국제 꽃과 초록의 박람회' 회장 터에 정비된 도시 공원이다. 약 120만㎡의 공원 부지 중심에 위치한 연못에는 각종 철새와 오리가 살고, 잔디밭과 분수대에서는 오사카 시민들이 휴식을 취하는 도심 속 쉼터다. 장미와 튤립 정원, 그리고 풍차가 있는 공원으로도 널리 알려져 있다. 풍차는 네덜란드에서 설계도를 가져와 지었으며, 원예박람회가 열리기 전부터 있던 것이라고 한다. 5,500종 이상의 식물을 재배 전시하는, 일본 최대급 식물원인 사쿠야코노하나칸에서는 식물 전시 외에도 다양한 이벤트를 개최하니 꼭 방문해보자. 모로코, 네팔, 한국 등 세계 여러 나라의 정원이 재현돼 독특한 인증숏까지 남길 수 있는 국제정원도 놓치지 말자. 특히 대한민국 정원은 다른 나라의

정원보다 넓고 잘 재현돼 있어 구경하는 재미가 있다. 무엇보다 도심에서 지하철로 바로 갈 수 있다는 점이 츠루미료쿠치 공원의 큰 장점이다. 신사이바시역이나 쿄바시역 등 오사카 시내 주요 역과 이어져 있어 접근성이 매우 좋다.

INFO.

24시간

오사카메트로 나가호리츠루미료쿠치선 츠루미료쿠치역 직결

Okonomiyaki 오코노미야키

아지노야 본점

Ajinoya 味乃家 本店

타베로그가 선정한 '오코노미야키 100명점'에 꼽혔을 만큼 오사카를 대표하는 오코노미야키 전문점이다. 1인 1메뉴 필수이고 추가 주문을 받지 않으므로 미리 메뉴를 잘 정해야 한다. 일행이 많다면 세트 메뉴를 추천. 인기 메뉴는 아지노야 믹스(1480엔).

1-7-16, Namba, Chuo-ku, Osaka-shi +81-6-6211-0713
11:00~22:00(월요일 휴무)
예약 가능 신용카드 불가
ajinoya-okonomiyaki.com
@ajinoya1965

오카루

Okaru おかる

호젠지 요코초 관광을 마쳤다면, 2014년 리모델링을 마치고 깔끔한 모습으로 다시 태어난 오카루에서 오코노미야키의 진수를 맛보자. 오코노미야키 위에 츠텐카쿠, 태양의 탑 등 다양한 그림을 그려주는 마요네즈 아트도 볼거리. 인기 메뉴는 오코노미야키 스페셜(1300엔).

1-9-19, Sennichimae, Chuo-ku, Osaka-shi +81-6-6211-0985 12:00~15:00·17:00~22:00(목요일, 셋째 주 수요일 휴무) 예약 불가 신용카드 불가

히마와리

Himawari ひまわり

오코노미야키, 스테이크 등의 철판 구이와 와인을 함께 즐길 수 있는 곳. 관광객들로 북적이고 캐주얼한 느낌이 강한 도톤보리 인근 오코노미야키 가게와 달리, 이곳은 커플이 데이트하기 좋은 고급스러운 분위기다. 인기 메뉴는 히마와리야키(1300엔).

1-19-5, Higashishinsaibashi, Chuo-ku, Osaka-shi +81-50-5457-2634 12:00~14:00·17:00~24:00(일요일 휴무)
예약 가능 신용카드 가능

미즈노

Mizuno 美津の

《미쉐린 가이드 교토·오사카》 빕 구르망(Bib Gourmand) 부문에 2016년부터 4년 연속 선정됐을 정도로 맛으로는 정평이 난 곳. 돼지고기, 조개, 문어 등 신선한 재료를 아낌없이 넣어 한국인들이 좋아하는 두툼한 식감이 일품이다. 인기 메뉴는 미즈노야키(1450엔).

1-4-15, Dotonbori, Chuo-ku, Osaka-shi
+81-6-6212-6360 11:00~22:00(연중무휴)
예약 불가 신용카드 가능(3,000엔 이상)
mizuno-osaka.com

Takoyaki 타코야키

하나타코

Hanatako はなだこ

오사카를 넘어 전국에서도 유명한 타코야키 전문점. 언제 가더라도 최소 30분 이상은 기다려야 하는 게 단점이지만, '진짜' 오사카 타코야키를 맛볼 수 있다. JR 오사카역에서 도보로 1분 거리라 찾아가기도 쉽다. 인기 메뉴는 네기마요(610엔), 타코센(210엔).

9-26, Kakudacho, Kita-ku, Osaka-shi +81-6-6361-7518 10:00~22:00(연중무휴) 예약 불가
신용카드 불가

앗치치혼포

도톤보리점

Acchichi Honpo Dotombori
あっちち本舗 道頓堀店

오사카 최고의 번화가인 도톤보리 운하의 풍경을 감상하며 원조 오사카 타코야키를 맛보자. 타코야키 소스, 쇼유, 폰즈 등 다양한 방식으로 즐길 수 있다. 한국어 메뉴도 완비. 인기 메뉴는 쇼유마요네즈(500엔).

7-19, Souemoncho, Chuo-ku, Osaka-shi
+81-6-7860-6888 9:00~다음 날 2:00 (연중무휴) 예약 예약 시 우선 안내(좌석 확약 아님) 신용카드 불가 acchichi.net
@acchichi.dotonbori

타코야키도라쿠 와나카

센니치마에 본점

Takoyaki Doraku Wanaka Sennichimae
たこ焼道楽 わなか 千日前本店

《미쉐린 가이드 교토·오사카》 빕 구르망(Bib Gourmand)부문에 3년 연속 이름을 올린 타코야키 명가. 열전도가 빠른 동판에 강한 불로 빠르게 구워서 겉은 바삭하고 속은 부드러운 맛이 특징이다. 다양한 특제 소스의 맛도 일품.

11-19, Nanbasennichimae, Chuo-ku, Osaka-shi
+81-6-6631-0127 10:30~21:00(연중무휴)
예약 불가 신용카드 불가
takoyaki-wanaka.com @wanaka_takoyaki

Rice 밥

우마이야

Umaiya
うまい屋

창업 70주년을 맞이한 타코야키 전문점. 이곳의 타코야키는 다른 곳과 달리 마요네즈나 파, 소스를 뿌리지 않아 다소 심심해 보이지만, 그만큼 기본에 충실한 맛으로 수십 년 단골이 많다. 텐진바시스지 상점가와 가까워 찾기도 쉽다.

4-21 Naniwacho, Kita-ku, Osaka-shi +81-6-6373-2929 11:30~19:00(매진 시 영업 종료, 화요일 휴무) 예약 불가 신용카드 불가

닛폰바시 이치미젠

Nipponbashi Ichimizen
日本橋 一味禅

한국의 '식신로드', 일본의 '마법의 레스토랑' 등 여러 맛집 프로그램에 소개된 텐동 전문점. 맛은 물론 넉넉한 양으로도 유명하다. 한국어 메뉴가 완비돼 있어 주문하기 편리하다. 인기 메뉴는 놀라운 마법덮밥(1250엔).

3-6-8, Nipponbashi, Naniwa-ku, Osaka-shi +81-6-6643-2006 11:00~20:30(월요일 휴무) 예약 불가 신용카드 불가 ichimizen.com

옥시모론 키타하마

OXYMORON Kitahama
オクシモロン 北浜

평범한 카레와는 다른, 진한 향기의 키마카레를 맛볼 수 있는 곳. 나카노시마 공원의 풍경은 덤이다. 매운 정도도 정할 수 있다는 점이 특징. 식사 후에는 커피와 케이크 등 옥시모론의 달콤한 오리지널 디저트도 즐겨보자. 인기 메뉴는 와후키마카레(1390엔).

1-1-22, Kitahama, Chuo-ku, Osaka-shi +81-6-6227-8544 11:30~17:30(수요일 휴무) 예약 가능(시간은 11:30만, 메뉴는 카레만) 신용카드 가능 oxymoron.jp @oxymoron_kitahama

지유켄

난바 본점

Jiyuken Namba Honten
自由軒 難波本店

오사카 최초의 서양요리점인 지유켄은 1910년에 창업해 110년이 넘는 역사를 자랑한다. 간판 메뉴는 '오사카식 카레'로 유명한 메이부츠카레(800엔). 비벼져 나온 뜨겁고 매콤한 카레 위에 날달걀이 더해져 독특한 맛을 낸다.

3-1-34, Namba, Chuo-ku, Osaka-shi +81-6-6631-5564 11:00~21:20(월요일 휴무) 예약 불가 신용카드 불가 jiyuken.co.jp

혼미야케

한큐3번가점

Honmiyake Hankyu Sanban-gai Store
本みやけ 阪急三番街店

우메다에서도 맛집이 모인 곳으로 유명한 한큐3번가. 이곳의 지하 2층에 자리한 혼미야케의 스테이크 덮밥(1,200엔)은 맛과 양, 모든 면에서 여행객들에게 좋은 평가를 받는다. 오픈 시간 전부터 길게 대기해야 하므로 여유 있게 움직이는 편이 좋다.

B2F, 1-1-3, Shibata, Kita-ku, Osaka-shi +81-6-6371-5322 11:00~22:00(셋째 주 수요일 휴무) 예약 불가 신용카드 가능

Sushi 스시

사카에스시

타마야초점

Sakaesushi Tamayamachi

さかえすし 玉屋町店

재료의 신선도와 맛있는 샤리(스시의 밥)로 이름난 스시 전문점. 외관만 얼핏 보면 너무 비싸 보이지만, 합리적인 가격의 메뉴를 선보여 가성비가 좋은 곳이다. 밤새 영업하므로 숙소에서 나와 야식을 먹거나 따뜻한 술로 몸을 녹이기에도 좋다.

2-27, Souemoncho, Chuo-ku, Osaka-shi +81-6-6212-2263 17:00~다음 날 7:00(연말연시 휴무) 예약 불가 신용카드 가능 sakaesushi.co.jp

카메스시

총본점

Kamesushi Main Shop

亀すし 総本店

맛과 양, 가격 모두 만족스러운 카메스시. 두툼하고 윤기가 흐르는 스시를 보고 있노라면 절로 침이 고일 것이다. 무엇을 먹을지 모르겠다면 오마카세를 추천. 건물 전체가 카메스시 매장이라 줄을 서 있어도 금방 들어갈 수 있으니 겁먹지 말자.

2-14-2, Sonezaki, Kita-ku, Osaka-shi +81-6-6312-3862 화~토요일 11:30~22:30, 일요일 11:30~21:30(월요일, 둘째 주 화요일, 12월 31일~1월 3일 휴무) 예약 가능 신용카드 가능 kamesushi.jp

겐로쿠스시

도톤보리점

Genrokuzushi Dotonbori
元禄寿司 道頓堀店

히가시오사카에 본점을 둔 겐로쿠스시는 '회전초밥' 시스템의 시작, 원조라고 할 수 있다. 회전초밥답게 저렴한 가격을 앞세우면서 맛까지 놓치지 않아 유동 인구가 많은 도톤보리에서도 특히 대기줄이 길다. 일정이 촉박하다면 가까운 센니치마에점을 찾아가 보자.

1-6-9, Dotonbori, Chuo-ku, Osaka-shi +81-6-6211-8414 11:15~22:30, 주말 및 휴일 10:45~22:45(연중무휴) 예약 불가 신용카드 가능 mawaru-genrokuzusi.co.jp

하루코마

Harukoma
春駒

텐진바시스지 5초메는 맛집이 많기로 이름난 곳이다. 그중에서도 하루코마는 가장 긴 대기줄을 자랑한다. 관광객뿐 아니라 현지 샐러리맨들도 이곳을 많이 찾는데, 그 이유는 무엇보다도 맛 대비 저렴한 가격이다. 특히 장어초밥이 유명하니 꼭 먹어보자.

5-5-2, Tenjinbashi, Kita-ku, Osaka-shi +81-6-6351-4319 11:00~21:30(화요일 휴무, 재료 소진 시 영업 종료) 예약 불가 신용카드 가능

Tonkatsu 돈카츠

돈카츠 만제

Tonkatsu Manger
とんかつ マンジェ

일본 최고의 돈카츠로 이름난 곳. 오픈 시간 훨씬 전부터 대기줄이 생기기 때문에 아침 일찍 가서 대기 명단에 이름부터 올려야 한다. 다양한 메뉴 중에서도 토요일에만 소량 판매하는 도쿄X(3,090엔~)가 인기. 대체적인 가격대는 2,000~4,000엔으로 비싸지만 그만한 가치가 있다.

Tonkatsumanger, 2-3-22 Yokoen, Yao-shi +81-72-996-0175
11:00~14:00·17:00~20:00(월·화요일 휴무) 예약 불가
신용카드 가능 tonkatsumanger.com

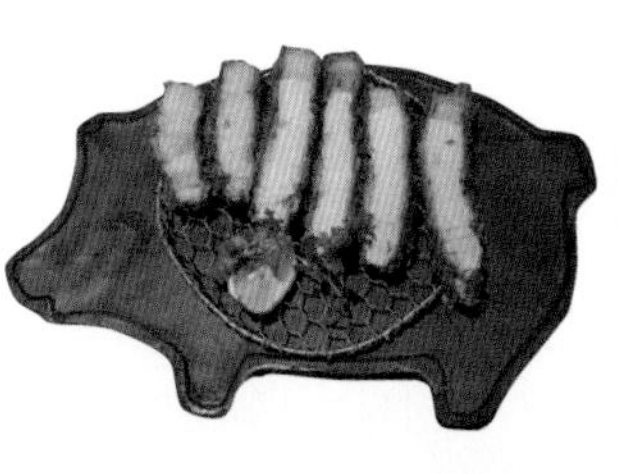

에페

Epais
エペ

예약제(홈페이지 및 전화)로 운영되므로 여행객에겐 방문하기 쉽지 않은 곳. 하지만 맛 하나 만큼은 오사카에서도 첫 번째로 꼽히는 돈카츠 전문점이다. 육즙이 풍부해 부드럽고 냄새가 적어 부담스럽지 않다. 인기 메뉴는 헤레카츠 정식(1,100엔~).

New Hana Bld. 3F, 1-9-3, Sonezakishinchi, Kita-ku, Osaka-shi +81-50-5890-4534
11:00~15:30·18:00~20:00 (일요일 및 공휴일 휴무, 재료 소진 시 영업 종료) 예약 가능
신용카드 가능(런치타임 불가)
epais-kitashinchi.gorp.jp

규카츠 토미타

Gyukatsu Tomita
牛かつ冨田

덴덴타운과 가까우면서도 난바 중심가에서는 약간 벗어난 곳에 있어 이동하는 중간에 찾기 좋다. 영업 시간이 넉넉하고, 한국어 메뉴도 있어 부담스럽지 않다. 인기 메뉴는 규카츠의 육즙과 참마, 보리밥이 잘 어울리는 규카츠무기메시토로로 세트(1,300엔~).

2-3-1, Nanbanaka, Naniwa-ku, Osaka-shi
11:00~23:00(연중무휴) 예약 불가
신용카드 불가

마츠노야 난산도리점

Matsunoya Nansan Dori
松のや なんさん通り店

저렴한 가격과 푸짐한 양으로 현지인들이 즐겨 찾는 돈카츠 체인. 로스카츠, 사사미카츠 등 메뉴 대부분이 1,000엔을 넘지 않는다. 가격 부담 없이 먹을 수 있다는 것이 장점이므로 맛집에 구애받지 않는 여행자에게 이곳을 추천한다.

8-12, Nanbasennichimae, Chuo-ku, Osaka-shi
+81-6-6630-7530 24시간(연중무휴) 예약 불가 신용카드 불가 matsuyafoods.co.jp

Kushikatsu 쿠시카츠

쿠시카츠다루마 도톤보리점

Kushikatsu Daruma Dotonbori
串かつだるま 道頓堀店

오사카에만 지점이 15곳이나 될 정도로 오사카를 대표하는 쿠시카츠 전문점. 수십 가지가 넘는 다양한 재료의 꼬치 튀김을 저렴한 가격으로 즐길 수 있다. 앞서 말했듯 소스는 한 번만 찍어야 하는 규칙이 있으므로 깊게 담구어 찍자. 인기 메뉴는 간소쿠시카츠(143엔).

1-6-8, Dotonbori, Chuo-ku, Osaka-shi +81-6-6213-8101 21:00~22:30(연중무휴) 예약 가능 신용카드 가능 kushikatu-daruma.com @daruma_doutonbori

요타로 본점

Yotaro Honten
与太呂 本店

100년 가까운 역사를 자랑하는 튀김 요리 명가. 제철 재료와 깨끗한 기름을 사용하는 것으로 명성이 높다. 튀김 외에 도미밥(타이메시)도 이곳의 명물. 런치 메뉴가 4,000~6,000엔이나 할 정도로 비싸지만 제대로 된 정통 일본식 튀김 요리를 먹고 싶다면 추천한다.

3F, 3-3-23, Nakanoshima, Kita-ku, Osaka-shi +81-6-6147-2313 평일 점심 12:00~14:00, 토요일 점심 12:00~15:00·저녁 17:30~22:00(일요일·공휴일 휴무) 예약 가능 신용카드 가능 yotaro.co.jp @yotaro_honten

야에카츠

Yaekatsu
八重勝

잔잔 요코초의 명소 야에카츠는 50년이 넘는 전통을 자랑하는 쿠시카츠 전문점이다. 30여 종의 튀김을 저렴한 가격에 즐길 수 있다. 단, 사진을 찍을 때는 미리 점원에게 허락을 구하자. 인기 메뉴는 도테야키(300엔).

3-4-13, Ebisuhigashi, Naniwa-ku, Osaka-shi
+81-6-6643-6332 10:30~20:30(목요일 휴무)
예약 불가 신용카드 불가

쿠시카츠타나카

아메리카무라점

Kushikatsu Tanaka Amerikamura
串カツ田中 アメリカ村店

쿠시카츠 전국 체인인 쿠시카츠타나카의 아메리카무라점. 가장 오사카답지 않은 곳에서 오사카 특유의 맛을 느낄 수 있다. 쿠시카츠는 물론, 다른 식사 메뉴도 있으며 어린이 메뉴까지 있어 온가족이 방문하기 좋다. 인기 메뉴는 쿠시카츠부타(170엔).

1-8-21, Nishishinsaibashi, Chuo-ku, Osaka-shi
+81-6-6484-6694 12:00~다음 날 1:00(연중무휴)
예약 가능 신용카드 가능
kushi-tanaka.com @kushikatsu_tanaka

Ramen 라멘

잇푸도
난바점

IPPUDO Nanba
一風堂 なんば店

1985년 후쿠오카에서 시작해 일본 전역은 물론 홍콩, 뉴욕, 파리에도 지점을 열어 세계적인 라멘 전문점이 된 잇푸도. 비교적 짧은 역사에도 수많은 수상 실적이 맛을 보증한다. 다른 라멘집에 비해 덜 짜고 담백한 편. 인기 메뉴는 시로마루모토아지(820엔).

3-1-17, Nanbanaka, Naniwa-ku, Osaka-shi +81-6-4397-6886 10:30~23:00(금·토요일은 다음 날 01:00까지, 연중무휴) 예약 불가 신용카드 가능 stores.ippudo.com/1029 @ippudo.nanba

산쿠

Sanku
三く

타베로그가 선정한 '서일본 라멘 100명점'에 6년 연속 이름을 올렸을 만큼 맛을 인정받고 있다. 멸치가 얹어진 비주얼을 보고 다소 놀랄 수 있지만, 깊고 담백한 국물 맛은 모든 것을 잊게 할 만큼 맛있다. 인기 메뉴는 카케라멘(850엔).

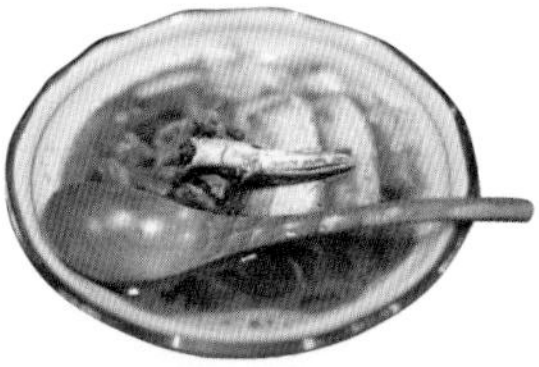

2-6-5, Fukushima, Fukushima-ku, Osaka-shi +81-6-6451-4115 11:39~14:39·18:39~23:39(화요일 휴무) 예약 불가 신용카드 불가

멘야죠로쿠 난바점

Menyajouroku, Nanba
麺屋丈六 なんば店

다수의 수상 실적과 타베로그 선정 100명점에 빛나는 라멘 전문점. 오사카 지역 라멘 중 하나인 히가시오사카 타카이다풍 간장 라멘, 츄카소바(800엔~)를 맛볼 수 있는 곳이다. 면발은 쫄깃하고 깊은 육수의 맛은 시원하다. 단, 맛이 강한 편이므로 유의할 것.

6-16, Nanbasennichimae, Chuo-ku, Osaka-shi +81-6-6643-6633 11:30~15:00·18:00~21:00, 첫째 주 일요일 7:00~10:00·11:30~15:00(수요일 휴무) 예약 불가 신용카드 불가 jouroku.blog.fc2.com

요스코라멘 메이몬

Yosuko Ramen Meimon 揚子江ラーメン 名門

느끼하고 짠 라멘에 질렸다면 요스코라멘 메이몬을 방문해보자. 닭뼈와 돼지뼈를 베이스로 한 담백하고 맑은 육수와 가느다란 면이 특징인 요스코라멘 전문점이다. 기본 라멘(800엔)으로도 충분히 풍미를 느낄 수 있지만 야키메시와 세트로 먹는 것도 추천한다.

17-1, Doyamacho, Kita-ku, Osaka-shi
+81-6-6316-1865 12:00~다음 날 5:00(연중무휴) 예약 불가 신용카드 불가

Soba & Udon 소바 & 우동

나니와소바 신사이바시 본점

Naniwasoba Shinsaibashi Honten
浪花そば 心斎橋本店

산지에서 엄선한 메밀을 직접 맷돌로 갈아서 가루를 만들고, 다시마를 쓰지 않으면서 재료의 맛을 살리는 장인 정신으로 이름난 곳. 고풍스러운 건물 외관과 달리 의외로 합리적인 가격이라 관광객들이 부담없이 찾을 수 있다. 인기 메뉴는 니쿠츠케멘(1,078엔).

1-4-32, Shinsaibashisuji, Chuo-ku, Osaka-shi
+81-50-5385-3452 11:00~22:30(일요일, 공휴일은 22:00까지, 1월 1일 휴무) 예약 가능
신용카드 가능 naniwasoba.nishiya.co.jp
@naniwasoba_minami

츠루톤탄
소에몬초점

Tsurutontan Soemoncho
つるとんたん 宗右衛門町店

사누키우동의 제법을 오사카 문화와 접목한 츠루톤탄은 어마어마한 크기의 그릇에 담겨 나오는 '세숫대야 우동'으로 유명하다. 양만 많은 것이 아니라 맛까지 놓치지 않아 언제나 대기줄이 길다. 메뉴판에 사진과 한국어 설명까지 있으며 관광객에게 친절하다. 인기 메뉴는 멘타이모츠나베우동(1,780엔)

3-17, Souemoncho, Chuo-ku, Osaka-shi
+81-6-6211-0021 11:00~다음 날 6:00 (금·토요일 다음 날 8:00까지, 연중무휴) 예약 가능
신용카드 가능 tsurutontan.co.jp
@tsurutontan_official

도톤보리 이마이
본점

Dotonbori Imai Honten
道頓堀 今井 本店

70년 전통을 자랑하는 도톤보리 이마이 본점은 오사카 우동의 긍지이자 보물로 평가받는다. 관광객으로 북적이는 현대적 느낌의 도톤보리에서 홀로 조용한 분위기를 풍기는 곳이다. 가장 기본적인 키츠네우동(880엔)이 간판 메뉴. 은은하고 깊은, 우동 국물의 진수를 느낄 수 있다.

1-7-22, Dotonbori, Chuo-ku, Osaka-shi
+81-6-6211-0319 11:30~21:30(수요일 휴무)
예약 가능 신용카드 가능 d-imai.com
@doutonbori.imai

타케우치우동텐

Takeuchiudonten
たけうちうどん店

타베로그 선정 우동 100명점에 다섯 번이나 이름을 올렸고, 일본의 여러 방송에 출연했을 정도로 이름난 우동 전문점. 우메다에서 조금 떨어진 곳에 있지만 우동을 좋아한다면 찾아갈 가치가 있을 만큼 맛이 좋다. 인기 메뉴는 토리텐붓카케세트(1,050엔).

5-2-19, Toyosaki, Kita-ku, Osaka-shi
+81-6-6375-0324
11:30~14:30·18:00~21:00 (매진 시 영업 종료, 일요일·공휴일 휴무) 예약 가능
신용카드 가능

Yakiniku 야키니쿠

야키니쿠엔 닌구

히가시신사이바시 총본점

Yakinikuen Ningu Higashishinsaibashiten
ヤキニクエンニング 東心斎橋総本店

최고급 가고시마 와규를 즐길 수 있는 곳. 작은 매장에 언제나 손님이 가득하기 때문에 LINE으로 예약하고 가는 편이 좋다. 메뉴판의 QR 코드를 이용하면 한국어 메뉴를 볼 수 있다. 인기 메뉴는 아츠기리네기츠츠미탄(1,650엔~).

1-6-32, Higashishinsaibashi, Chuo-ku, Osaka-shi +81-6-6484-6995 17:00~다음 날 01:00(비정기 휴무) 예약 가능 신용카드 가능
yakinikuning.com
@yakinikuen_ning

아부리야 우메다점

Aburiya Umeda
あぶりや 梅田店

오사카에만 12곳의 지점이 있을 정도로 유명한 야키니쿠 뷔페 체인. 예약을 하지 않고 가면 오래 기다려야 하거나 입장을 아예 못 할 정도로 인기가 좋다. 단품 메뉴도 있고, 주말에는 런치도 있다. 가격은 2시간에 기본 4,378엔인데, 나이대별로 가격이 달라 합리적이다. 한국어 메뉴판도 완비.

2-15-20, Sonezaki, Kita-ku, Osaka-shi +81-6-6361-1129 월~목요일 17:00~22:00, 금요일 17:00~23:00, 토·일요일 12:00~14:00·16:00~23:00(1월 1일 휴무) 예약 가능 신용카드 가능 aburiya.1dining.co.jp

쿠로게와규 야키니쿠이치 신사이바시점

Kurogewagyu Yakinikuichi Shinsaibashiten
黒毛和牛 焼肉一 心斎橋店

쿠로게와규라는 이름답게 검은색의 깔끔한 인테리어가 돋보인다. 다이마루백화점과 가까워 찾아가기 쉽다. 메뉴가 다양하고 런치 메뉴도 있지만, 모처럼 여기까지 왔다면 코스 요리를 즐겨보자. 1인당 4,000~7,000엔으로 12종 이상의 야키니쿠를 즐길 수 있다.

1-4-31, Shinsaibashisuji, Chuo-ku, Osaka-si 11:30~14:30·17:00~22:00 예약 가능 신용카드 가능 yakinikuichi.owst.jp @yakinikuichi1129

만료 미나미모리마치점

Manryo Minamimorimachi
万両 南森町店

타베로그 선정 야키니쿠 서일본 100명점에 5년 연속 이름을 올린 야키니쿠 전문점. 나카노시마 공원 관광을 마쳤다면 이곳을 방문해 야키니쿠를 즐겨보자. 대부분 만석이거나 대기줄이 길기 때문에 예약을 하고 가는 편이 좋다. 인기 메뉴는 한정 수량인 마보로시 갈비(880엔).

1-2-14, Minamimorimachi, Kita-ku, Osaka-shi +81-6-6361-1371 16:00~24:00(월요일·공휴일, 12월 31일~1월 3일 휴무) 예약 가능 신용카드 가능 yakiniku-manryo-minamimorimachi.com

Cafe 카페

호시노코히텐
난바센니치마에점

Hoshino Coffee Namba Sennichimae
星乃珈琲店 なんば千日前店

엄청난 유동 인구를 자랑하는 센니치마에에 자리해 있는데, 외벽으로 둘러싸여 있어 어쩐지 아늑하다. 내부는 고풍스럽고 엔틱한 느낌으로 안정감을 준다. 간단히 식사까지 할 수 있으며, 드립 커피(550엔)와 수플레 팬케이크(1,030엔)가 유명하다.

2-8-17, Sennichimae, Chuo-ku, Osaka-shi +81-6-4395-5662 8:00~22:00 예약 불가 신용카드 가능 hoshinocoffee.com

코메다코히텐
난바시티점

Komeda Coffee Namba City
コメダ珈琲店 なんばCITY店

1968년 나고야에서 시작해 일본을 대표하는 커피 체인으로 성장한 코메다코히텐. 캐시리스 결제, 무료 와이파이 및 충전 제공 등 여행객이 이용하기 편리한 곳이다. 커피뿐 아니라 케이크나 버거도 인기가 높다. 특히 모닝세트가 유명하므로 하루의 일정을 이곳에서 시작하는 것도 좋다.

Nanba city 1F, 5-1-60, Nanba, Chuo-ku, Osaka-shi +81-6-6644-2741 7:00~23:00(연중무휴) 예약 불가 신용카드 가능 komeda.co.jp @komeda_coffee_official

카페 안논 난바

Cafe Annon Namba
カフェアンノン なんば

여행자에게도 현지인들 사이에서도 유명한 센니치마에 상점가 근처의 수플레 팬케이크 맛집이다. 1층엔 10석, 2층엔 29석이 있지만 예약 없이는 대기가 필수이기 때문에 사전 예약을 하는 게 좋다. 부드러운 수플레 팬케이크 시그니처 메뉴는 팬케이크 안논(1,680엔)에 세트 드링크(280엔)를 추천한다.

4-20 Nanbasennichimae, Chuo-ku, Osaka-shi
+81-6-6631-74411 11:00~18:00, 수·금·토요일 11:00~23:00 예약 가능 신용카드 가능

탈리스 커피

Tully's Coffee-Kintetsu Namba Building

일본의 대표적인 프랜차이즈 카페로 오사카 곳곳에 있으며 특히 쇼핑몰 안에 많이 입점해 있다. 로스팅 커피와 차, 스무디 등 음료 외에도 잉글리쉬 햄에그, 케이크, 아이스크림, 페이스트리 등이 있어 브런치를 즐기기도 좋다. 킨텐츠 난바점은 난바역 바로 근처에 위치해 여행 중 들러 쉬어가기 좋다.

Kintetsu Namba Building, 4-1-1 Nanba, Chuo-ku, Osaka-shi +81-6-6616-9861 8:00~22:00
예약 불가능 신용카드 가능
tullys.co.jp @tullyscoffeejapan

Book Store & Select Shop 서점 & 편집숍

우메다 츠타야쇼텐

Umeda Tsutaya Books
梅田 蔦屋書店

우메다의 복합상업시설인 루쿠아에 자리한 우메다 츠타야쇼텐은 1,000평이 넘는 면적에 책, 문구, 잡화 등이 빼곡하다. 그 가운데 스타벅스가 있고, 점내 곳곳에 500석이 넘는 의자까지 있어 느긋하게 커피를 즐기며 시간을 보낼 수 있다.

Lucua osaka 9F, 3-1-3, Umeda, Kita-ku, Osaka-shi +81-6-4799-1800
10:30~22:00(비정기 휴무) 신용카드 가능
real.tsite.jp @umedatsutayabooks

비오톱

BIOTOP
ビオトープ

2014년 미나미호리에에 문을 연 비오톱 오사카. 패션 편집숍과 카페, 루프탑 레스토랑, 오가닉 코스메틱, 생활 잡화 등을 판매하는 복합형 숍이다. 오사카에서 세련된 거리로 손꼽히는 호리에에서도 랜드마크 역할을 할 정도로 이름이 알려진 곳이다.

1-16-1, Minamihorie, Nishi-ku, Osaka-shi
+81-6-6531-8223 11:00~20:00(비정기 휴무)
신용카드 가능 biotop.jp @biotop_official

어반 리서치 도어스
미나미센바점

Urban Research Doors Minamisenba
アーバン リサーチ ドアーズ 南船場店

미나미센바의 중심에 자리한 어반 리서치 도어스 미나미센바점은 주로 아웃도어 브랜드 EKAL, 파타고니아, 노스페이스 등의 패션, 잡화, 캠핑 용품 등을 판매한다. 2019년 깔끔한 인테리어로 리뉴얼을 마쳐 꼭 쇼핑을 하지 않고 구경만 하더라도 눈이 즐거운 곳이다.

4-4-6, Bakuromachi, Chuo-ku, Osaka-shi
+81-50-2017-9049 11:00~20:00(비정기 휴무)
신용카드 가능 urban-research.co.jp/shop/store4/3_52 @urban_research_doors

더 굿랜드 마켓 호리에

THE GOODLAND MARKET Horie
ザ グッドランド マーケット堀江

오사카의 유명 패션 스트리트인 호리에에 자리한 더 굿랜드 마켓. 사람과 환경을 생각하는 순환형 패션 라이프스타일을 표방하는 플래그십 스토어로, 2022년 리뉴얼을 마쳤다. 1층에는 반복 사용이 가능한 탈플라스틱 아이템을 판매하고, 2층부터는 헌 옷과 굿랜드가 셀렉트한 의류를 판매한다.

1-20-9, Minamihorie, Nishi-ku, Osaka-shi
+81-50-2017-9002 11:00~19:30(둘째·넷째 주 수요일 휴무) 신용카드 가능
urban-research.co.jp/shop/store51/51_1
@thegoodlandmarket

Drugstore 드럭스토어

스기 드럭스토어

우메다점

Sugi Drug Umeda Store
スギ薬局 梅田店

스기약국 우메다점은 오사카메트로 우메다역 1번 출구 바로 앞에 위치한 대형 드럭스토어 매장이다. 의약품, 화장품, 에티켓용품, 식료품, 위생용품, 비타민제 등 다양한 제품 쇼핑을 한자리에서 즐길 수 있다. 관리영양사와 약사, 뷰티 어드바이저가 상주하고 있어 궁금한 사항이 있으면 번역기를 사용해 물어볼 수 있다.

1-1-23 Shibata, Kita-ku, Osaka-shi
9:00~22:00 신용카드 가능 sugi-net.jp

츠루하 드럭스토어 에비스바시점

ツルハドラッグ 戎橋店

도톤보리의 에비스 다리 바로 근처에 있어 여행 중에 방문하기 좋다. 특이한 대형 간판이 많은 도톤보리인 만큼 입구부터 거대한 학모양의 간판이 눈에 들어온다. 2개 층으로 넓은 편이며 의약품, 건강식품, 화장품, 식품, 베이비 용품 등 다양한 품목을 취급한다.

1-8-16 Dotonbori, Chuo-ku, Osaka-shi
10:00~20:00 신용카드 가능
tsuruha.co.jp @tsuruha_official

선드러그

Sun Drug
サンドラッグ 心斎橋中央店

신사이바시스지 상점가 내, 오사카메트로 난바역과 신사이바시역 중간에 위치한다. 심플한 인테리어와 스타일리시한 매장 안에는 특히 화장품 라인업이 매우 알차다. 저가 화장품을 비롯하여 시세이도와 KOSE, 가네보 등 취급 브랜드가 다양해 코스메틱 마니아들이 인정하는 매장이다.

2-8-5 Shinsaibashisuji, Chuo-ku, Osaka-shi
10:30~22:00 신용카드 가능
shinsaibashi.or.jp @instashinsaibashi

마츠모토키요시
신사이바시점

Matsukiyo
薬マツモトキヨシ 心斎橋⊠

신사이바시스지 상점가 내, 오사카메트로 신사이바시역과 난바역과도 가까워 접근성이 좋다. 2층으로 매장 면적이 넓어 여유롭게 상품을 둘러볼 수 있다. 의약품, 건강식품, 화장품, 목욕용품, 일용품, 담배 등 물품이 다양하며 SK-II 의 정규 대리점이기도 하다. 그 밖에 시세이도, 가네보, KOSE 등 각종 화장품 브랜드를 취급한다.

2-1-21 Shinsaibashisuji, Chuo-ku, Osaka-shi
10:00~22:00 신용카드 가능
matsukiyo.co.jp

Shopping Mall & Department Store 쇼핑몰 & 백화점

한큐3번가

Hankyu Sanban Gai

한큐 오사카우메다역에 위치한 지상 2층, 지하 2층의 쇼핑센터다. 특히 남관 지하 2층에는 일본 정식과 돈카츠, 덴뿌라, 스시, 메밀은 물론 이탈리안과 중식까지 있어 편리하다. 점심시간에는 근처 직장인들을 위한 저렴한 메뉴가 있는 것도 장점이다.

1-1-3 Shibata, Kita-ku, Osaka-shi 음식점 10:00~23:00, 숍 10:00~21:00 h-sanbangai.com

에키 마르쉐 오사카

Eki Marche Osaka

JR 오사카역 안에 있는 에키 마르쉐 오사카에는 간사이의 인기 맛집이 모두 모여 있다. 특히 일본 오므라이스가 태어난 홋쿄쿠세이, 비프스테이크 덮밥의 로만테이, 회전초밥집 간코가 유명하다.

3-1-1 Umeda, Kita-ku, Osaka-shi 10:00~22:00
osaka.ekimaru.com
@ekimarcheosaka

루쿠아

LUCUA Osaka

JR 오사카역 중앙 개찰구 왼쪽에 위치한 쇼핑몰로 동관 루쿠아와 서관 루쿠아1100으로 구성되어 있다. 여행자들이 즐겨 찾는 쇼핑 성지이며 20대를 대상으로 한 각종 브랜드가 즐비하다. 특히 로프트와 무인양품, 무민숍, 프랑프랑 등 라이프스타일 상점이 인기다. 10층 루쿠아 다이닝에는 마루후쿠 커피, 오오야마 모츠나베 등 맛집이 있어 쇼핑 후 식사를 즐기기에도 좋다.

3-1-3 Umeda, Kita-ku, Osaka-shi 10:30~20:30, 루쿠아 다이닝 11:00~23:00 lucua.jp @lucua_osaka

화이티 우메다

Whity Umeda

오사카메트로 히가시우메다역에 위치한 지하상가로 일본 지방색이 강한 점포가 많다. 타코야키, 오코노미야키 등 오사카 요리는 물론 우동, 메밀 등을 파는 식당과 카페도 많다. 텐동 전문점인 돈돈테이는 갓 튀겨낸 덴뿌라가 올라간 텐동을 저렴한 가격에 즐길 수 있어 점심시간에는 줄을 서서 기다릴 정도다.

4-2, Komatsubaracho, Kita-ku, Osaka-shi 10:00~23:00 whity.osaka-chikagai.jp @whityumeda

Stay

오사카의 숙소

10만 원 이하 가성비 호텔

호텔 노움 오사카
Hotel Noum Osaka

텐마바시역 근처에 위치. 도심의 번잡함을 벗어나 조용히 휴식을 취하고 싶은 여행자에게 알맞은 숙소다. 비슷한 가격대의 다른 호텔에 비해 객실이 넓으며 룸 컨디션이 좋다. 창밖으로 강변 풍경을 조망할 수 있고, 조식도 무료로 제공된다. 자전거 대여소를 운영해 근처 명소를 둘러보기 좋다.

4-1-18, Temma, Kita-ku, Osaka-shi
no-um.jp

더 로열 파크 캔버스 오사카 키타하마
The Royal Park Canvas Osaka Kitahama

키타하마역과 연결된 신상 호텔. 오사카성 공원, 하루카스 300전망대, 쿠로몬시장 등과 가깝다. 세련되고 고급스러운 인테리어 콘셉트로 인기가 높다. 음료 무료 서비스, 일정 시간 주류 무료 서비스도 제공한다.

1-9-8, Kitahama, Chuo-ku, Osaka-shi
royalparkhotels.co.jp/canvas/osakakitahama/

하톤 호텔 신사이바시
Hearton Hotel Shinsaibashi

다이마루백화점 바로 앞에 있어 최고의 위치를 자랑한다. 작지만 편안한 호텔로 룸 컨디션은 물론 침구류가 훌륭해 투숙객의 만족도가 높다. 도톤보리까지 도보로 이동할 수 있고 체크아웃 시간이 다른 호텔보다 1시간 늦다.

1-5-24, Nishishinsaibashi, Chuo-ku, Osaka-shi
hearton.co.jp/hotel/shinsaibashi

오사카 뷰 호텔 혼마치
Osaka View Hotel Honmachi

혼마치역에서 도보 2분 거리에 위치한 호텔. 가족 여행자에게 추천한다. 욕실에 욕조가 있어 일정을 마치고 피로를 풀기에 좋다. 신사이바시스지와 도톤보리까지 도보로 이동이 가능하며, 서양식과 일본식으로 제공되는 조식에 대한 투숙객의 만족도가 높다.

4-5-2, Hommachi, Chuo-ku, Osaka-shi
viewhotels.co.jp/osaka/

브라이튼 시티 오사카 키타하마
Hotel Brighton City Osaka Kitahama

키타하마역 5번 출구에서 도보 1분 거리에 위치한 호텔. 넓은 객실과 청결함을 자랑한다. 오사카의 명소와 거리가 조금 있는 편이지만 호텔 근처에 편의점이 많아 일정을 마친 후 간식거리와 맥주로 하루를 마무리하기 좋다.

1-1, Fushimimachi, Chuo-ku, Osaka-shi
kitahama.brightonhotels.co.jp

감성 충만! 트렌디 호텔

호텔 잇. 오사카 신마치
Hotel It. Osaka Shinmachi

니시나가호리역, 이와자역에서 도보 5분 거리에 위치한 호텔. 세련된 인테리어가 돋보인다. 1인 객실인 싱글룸부터 더블, 트윈, 6인까지 머물 수 있는 패밀리룸까지 다양한 타입의 160개 객실을 갖추고 있다. 오렌지 스트리트와도 가까와 여행과 쇼핑을 즐기기 좋다.

4-6-20, Shimmachi, Nishi-ku, Osaka-shi
hotelit.jp

더 볼리 오사카
The Boly Osaka

우메다와 신사이바시 사이에 위치한 곳. 5가지 콘셉트, 14개의 객실을 갖춘 스타일리시하고 깔끔한 호텔이다. 아티스트의 작업실을 연상케 하는 키타하마 아틀리에, 오카와강이 내려다보이는 리버뷰 객실, 레지던스, 루프톱 테라스에서 여유와 낭만을 즐길 수 있다.

2-1-16, Kitahama, Chuo-ku, Osaka-shi
theboly.com

젠티스 오사카
Zentis Osaka

세련된 감성을 느낄 수 있는 호텔. 우메다역까지 도보 10분 거리에 위치한다. 다양한 타입의 212개 객실을 갖추고 있으며 한신백화점, 한큐백화점과 가깝다. 호텔

라운지에서 애프터눈티를 즐길 수 있다.

1-4-26, Dojimahama, Kita-ku, Osaka-shi
zentishotels.com

목시 오사카 혼마치 바이 메리어트
MOXY Osaka Honmachi by Marriott

세계적인 디자이너즈 호텔의 체인으로 힙한 분위기와 가성비를 겸비한 곳. 깔끔한 객실 155개는 인공지능 시설을 갖추고 있다. 세련되고 즐거운 분위기의 호텔이며, 2층 로비 라운지는 24시간 운영되고 사진 스폿으로도 유명하다.

2-2-9, Kawaramachi, Chuo-ku, Osaka-shi
marriott.com/en-us/hotels/osaox-moxy-osaka-honmachi

여행자 추천 숙소

호텔 로열 클래식 오사카
Hotel Royal Classic Osaka

난바역에서 도보 5분 거리. 도보 10분 거리에 도톤보리 및 닛폰바시가 있으며 접근성이 뛰어나다. 도쿄대학교 교수이자 디자이너인 쿠마 겐코가 건축한 곳이다. 프론트나 엘리베이트, 홀 등 퍼블릭 스페이스와 객실에 100점이 넘는 현대 미술 작품이 전시되어 있다. 지하 1층으로 난바시티와 난바파크스까지 직결되어 편리하다.

4-3-3 Nanba, Chuo-ku, Osaka-shi
hotel-royalclassic.jp

호텔 한큐 리스파이어 오사카
Hotel Hankyu RESPIRE OSAKA

요도바시카메라 우메다점 위에 자리해 찾아가기 쉽다 .주변에 백화점, 쇼핑몰이 많고 주요 명소와도 가깝다. 특히 오사카역과 도보 5분 거리라 오사카 시내는 물론 고베, 교토에 가기도 편리하다. 한국어 지원 키오스크가 있으므로 체크인도 부담 없다.

1-1, Ofukacho, Kita-ku, Osaka-shi
hankyu-hotel.com

APA 호텔 앤드 리조트 오사카 우메다 타워
APA Hotel & Resort Osaka Umeda-eki Tower

우메다 중심지에 자리해 있으며 세련되고 럭셔리한 디자인이 눈길을 사로잡는다. 스마트 체크인 & 체크아웃 시스템, 목욕탕, 옥상 수영장, 헬스장, 편의점, 기계식 주차장 등 다양한 최신 시설을 갖추고 있다.

2-8-32, Sonezaki, Kita-ku, Osaka-shi
apahotel.com

호텔 뉴 한큐 오사카
Hotel new Hankyu Osaka

오사카역에서 도보 5분 거리이고, 지하철역과도 인접해 있어 위치면에서 매우 편리하다. 주변에 관광지와 쇼핑 시설이 많아 외국인 관광객들에게 인기가 좋다. 다소 오래된 호텔이라 객실 시설 면에서는 아쉽다는 평가를 받는다.

1-1-35, Shibata, Kita-ku, Osaka-shi
hankyu-hotel.com

호텔 닛코 오사카
Hotel Nikko Osaka

신사이바시역과 직결돼 있으며 아메리카무라, 신사이바시 상점가, 도톤보리 등 유명 관광지와 도보 5~10분 정도 거리라 여행을 즐기기에 좋다. 혼마치, 나가호리바시 등 비즈니스 지역과도 가깝다. 동급의 다른 호텔에 비해 객실이 넓은 편이고 가성비가 좋다는 평가를 받는다.

1-3-3, Nishishinsaibashi, Chuo-ku, Osaka-shi
hno.co.jp

APA 호텔 신오사카 에키마에
APA Hotel Shin-Osaka Ekimae

신오사카역과 가까워 교토, 고베나 그보다 먼 지역으로 이동하려는 관광객에게 적합하다. 합리적인 가격의 비즈니스 호텔이며 수납 가능한 침대, USB 충전 포트, 미러링 가능한 50인치 TV, 공기 청정 기능 에어컨, 스마트 체크인 시설 등이 갖추어져 젊은 관광객들에게 인기다.

1-21-27, Higashinakajima, Higashiyodogawa-ku, Osaka-shi
apahotel.com/hotel/kansai/shinosaka-ekimae

유니버설 스튜디오 재팬에 가기 좋은 호텔

더 싱귤러리 호텔 & 스카이스파 앳 유니버설 스튜디오 재팬

The Singulari Hotel & Skyspa at Universal Studios Japan

JR 유니버설시티역에 바로 연결, 메인 게이트까지 도보 5분 거리에 위치한다. 오피셜, 얼라이언스, 어소시에이트 타입으로 구성되어 있으며 스튜디오 패스(입장권)를 구입할 수 있다. 최상층에 경치를 즐기며 노천욕을 할 수 있는 '스카이스파'가 있다.

6-2-25, Shimaya, Konohana-ku, Osaka-shi
candeohotels.com/ja/singulari/

호텔 유니버설 포트

Hotel Universal Port

JR 유니버설시티역에서 도보로 약 3분 거리에 위치한 공식 호텔이다. 3가지 타입의 미니언을 콘셉트로 한 객실에는 미사일 모양의 침대와 악어 소파 등을 만날 수 있다. 공식 스토어인 '유니버설 스튜디오 스토어'가 입점해 있다.

1-1-111, Sakurajima, Konohana-ku, Osaka-shi
universalport.orixhotelsandresorts.com

호텔 킨테츠 유니버설 시티

Hotel Kintetsu Universal City

JR 유니버설시티역에서 도보 2분 거리에 위치한 호텔로 로비와 엘리베이터에서 세서미 스트리트의 캐릭터인 쿠키 몬스터, 엘모 등을 만날 수 있다. 컬러풀한 객실부터 캐주얼한 디자인이 재미있는 스탠더드 타입, 파크와 베이 에어리어에 면해 있는 '스튜디오 뷰 룸' 등이 있다.

6-2-68, Shimaya, Konohana-ku, Osaka-shi
miyakohotels.ne.jp/hotel-kintetsu/

더 파크 프론트 호텔 앳 유니버설 스튜디오 재팬

The Park Front Hotel at Universal Studios Japan

USJ 메인 게이트에서 도보 1분 거리. 파크에서 가장 가까운 오피셜 호텔이다. 'Trip to the USA'라는 콘셉트로 뉴욕의 브로드웨이, 라스베이거스의 카지노 모습을 볼 수 있다. 또한 파크 내 호텔 중 유일하게 유니버설 글로브가 설치되어 있다.

6-2-52, Shimaya, Konohana-ku, Osaka-shi

리베르 호텔 앳 유니버설 스튜디오 재팬

Liber Hotel at Universal Studios Japan

JR 유니버설시티역 한 정거장 전, JR 사쿠라지마역에서 도보 1분 거리에 위치, 오피셜 호텔 중 최대 규모다. '쥬라기 월드', '스누피' 등 콘셉트 룸이 있으며 베이 에어리어의 풍경을 보며 식사를 즐길 수 있는 레스토랑이 있다. 천연온천과 사우나 시설도 갖추고 있어 여행의 피로를 풀기에 좋다.

1-1-35, Sakurajima, Konohana-ku, Osaka-shi
hotel-liber.jp

네도코 오사카 웨스트

Nedoco Osaka West

JR 니시쿠조역에서 도보 2분 거리에 위치한 레지던셜 호텔이다. '디럭스 트윈'과 '슈페리어 트리플' 두 타입으로 최대 5명까지 숙박이 가능하며 주방 시설을 갖추고 있어 가족 여행자나 친구끼리 온 여행자에게 좋다. 주요 관광지까지 환승 없이 이동할 수 있어 편하다.

3-13-11, Nishikujo, Konohana-ku, Osaka-shi
bon-lodging.com/nedoco-osaka-west

리가 로열 호텔

RIHGA Royal Hotel

오사카를 대표하는 럭셔리 호텔. 케이한 전철 나카노시마선 나카노시마역과 연결되어 있다. 고층의 이그제큐티브 플로어의 '더 프레지덴셜 타워'는 물론 캐주얼한 객실도 있다. 유니버설 스튜디오 재팬까지 무료 직통 버스(사전 예약제)를 운영한다. 호텔과 오사카역 간 무료 셔틀도 운영하다.

5-3-68, Nakanoshima, Kita-ku, Osaka-shi
rihga.co.jp/osaka

BIOTOP
4F
GARDEN & RESTAURANT
CUBIERTA
2F
WEAR & ACCESSORIES
1F
WEAR & COSMETICS
BIOTOP NURSERIES
CORNERSTAND
CUBIERTA

串料理
おかる
焼肉
ホルモン
一番
串かつ
大阪名物
備長炭
やきとり
営業中
大阪名物 串かつ
寿司
ホルモン
マルフク

김봉섭 Kim Bongsub
_writer & photographer
도시의 삶과 거리의 모습을 즐겁게 감상하는 스트리트 포토그래퍼이자 여행 사진가다. 게티이미지에서 활동하는 스톡 사진가이기도 하다. 2012년부터 10년 넘게 오사카에 거주하며 오사카의 많은 곳을 누볐지만 여전히 오사카 여행은 즐겁다. 일본의 전통과 현대를 동시에 만날 수 있는, 활력 넘치는 오사카를 탐험하는 데 길잡이가 되길 바란다.
@bongsub_kim

김준영 Kim Junyoung
_ writer & publisher
여행 에디터이자 여행서 출판사 두사람을 운영한다. 가장 좋은 여행지로 일본을 꼽으며, 그중 다양한 매력을 지닌 간사이 지역을 제일 좋아한다. 처음 오사카를 여행했던 설렘을 지금까지 간직하고 있는 이유는, 오사카의 무궁무진한 매력 때문이 아닐까. 제일 좋아하는 여행지 오사카를 소개하는 것만큼 가슴 두근거리는 일도 없을 것이다.
@junyoungkim1810

김혜림 Kiime.rim
_ writer & photographer
오사카에 살면서 일본 곳곳을 여행하는 여행가 겸 스냅 사진가다. 오사카라는 곳은 동네 공원에서 뛰노는 아이들과 장 보는 할머니마저 익숙한 생활 공간이다. 특유의 친근한 느낌이 있으면서도 화려하고 오래된 맛까지 갖춘 도시. 이 반전 매력을 오사카를 찾을 독자에게 전하고 싶다.
@kiime.rim

THE TRIP OSAKA

1판 1쇄 발행일 2023년 7월 30일
글·사진 김혜림, 김봉섭, 김준영
펴낸이 김민희, 김준영 | **편집** 김민희, 김준영 | **디자인** 이유진
영업 김영란 | **브랜드 디렉터** 김경우 | **제작** I Can

펴낸곳 두사람 | **인스타그램** @travel__withyou
팩스 02-6442-1718 | **메일** twopeople1718@gmail.com
등록 2016년 2월 1일 제2016-000031호
ISBN 979-11-90061-33-9 03980